普通高等教育土建学科专业"十二五"规划教材
全国高职高专教育土建类专业教学指导委员会规划推荐教材

建筑施工组织与进度控制
（第二版）

（工程监理专业）

本教材编审委员会组织编写

武佩牛　主编

危道军　主审

U0249701

中国建筑工业出版社

图书在版编目（CIP）数据

建筑施工组织与进度控制/武佩牛主编. —2版. —北
京：中国建筑工业出版社，2013.5（2021.3重印）
ISBN 978-7-112-15498-2

Ⅰ.①建… Ⅱ.①武… Ⅲ.①建筑工程-施工组织-
高等职业教育-教材②建筑工程-施工进度计划-高等职
业教育-教材 Ⅳ.①TU72

中国版本图书馆CIP数据核字（2013）第120936号

本教材按全国高职高专教育土建类专业教学指导委员会编制的《工程监理专业教育标准和培
养方案及主干课程教学大纲》要求编写，全书共七章，即：绪论、建筑施工组织原理、施工准备
工作、建筑工程安全文明施工、施工组织总设计、单位工程施工组织设计、建筑工程施工进度
控制。

本书主要用作高职高专工程监理专业教材，也可作为相关专业教材或职业培训教材。

*　　*　　*

责任编辑：朱首明　牛　松　李　明
责任校对：姜小莲

普通高等教育土建学科专业"十二五"规划教材
全国高职高专教育土建类专业教学指导委员会规划推荐教材
建筑施工组织与进度控制
（第二版）
（工程监理专业）
本教材编审委员会组织编写
武佩牛　主编
危道军　主审

*

中国建筑工业出版社出版、发行（北京西郊百万庄）
各地新华书店、建筑书店经销
霸州市顺浩图文科技发展有限公司制版
北京建筑工业印刷厂印刷

*

开本：787×1092毫米　1/16　印张：12½　字数：300千字
2013年11月第二版　2021年3月第十五次印刷
定价：**26.00**元
ISBN 978-7-112-15498-2
（24108）
版权所有　翻印必究
如有印装质量问题，可寄本社退换
（邮政编码 100037）

修订版教材编审委员会名单

主 任：赵　研

副主任：胡兴福　危道军　王　强

委　员（按姓氏笔画为序）：

于　英　　王春宁　　石文广　　石立安　　卢经杨

史　钟　　华　均　　刘金生　　池　斌　　孙现申

李　峰　　李海琦　　杨太生　　宋新龙　　武佩牛

季　翔　　周建郑　　赵来彬　　郝　俊　　战启芳

姚谨英　　徐　南　　梁建民　　鲁　军　　熊　峰

薛国威　　魏鸿汉

教材编审委员会名单

主　任：杜国城

副主任：杨力彬　胡兴福

委　员：(按姓氏笔画排序)

　　　　华　均　刘金生　危道军　李　峰　李海琦

　　　　武佩牛　战启芳　赵来彬　郝　俊　徐　南

修 订 版 序 言

高职高专教育工程监理专业在我国的办学历史只有十年左右。为了满足各院校对该专业教材的急需，2004年，高职高专教育土建类专业教学指导委员会土建施工类专业分指导委员会（以下简称"土建施工类专业分指导委员会"）依据《工程监理专业教育标准和培养方案及主干课程教学大纲》，组织有关院校优秀教师编写了该专业系列教材，于2006年全部由中国建筑工业出版社正式出版发行。该系列教材共12本：《建筑施工组织与进度控制》、《建筑工程计价与投资控制》、《建筑工程质量控制》、《工程建设法规与合同管理》、《建筑设备工程》、《建筑识图与构造》、《建筑力学》、《建筑结构》、《地基与基础》、《建筑材料》、《建筑施工技术》、《建筑工程测量》，其中7本教材与建筑工程技术专业共用。本套教材自2006年面世以来，被全国有关高职高专院校广泛选用，得到了普遍赞誉，在专业建设、课程改革中发挥了重要的作用。其中，《建筑工程质量控制》、《建筑识图与构造》、《建筑结构》、《地基与基础》、《建筑工程测量》、《建筑施工技术》、《建筑施工组织》等被评为普通高等教育"十一五"国家级规划教材，《建筑结构》、《建筑施工技术》等被评为普通高等教育精品教材。2011年2月，该套教材又全部被评为住房和城乡建设部"十二五"规划教材。

本套教材的出版对工程监理专业的改革与发展产生了深远的影响。但是，随着工程监理行业的迅速发展和专业建设的不断深入，这套教材逐渐显现出不适应。有鉴于此，土建施工类专业分指导委员会于2011年组织进行了系统性的修订、完善工作，主要目的是为了适应专业建设发展的需要，适应课程改革对教材提出的新要求，及时反映建筑科技的最新成果和工程监理行业新的管理模式，更好地为提高学校的人才培养质量服务。为了确保本次修订工作的顺利完成，土建施工类专业分指导委员会会同中国建筑工业出版社于2011年9月在西安市召开了专门的工作会议，就本次教材修订工作进行了深入的研究、论证、协商和部署。本次修订主要体现了以下要求：

（1）准确把握教材内容，以《高等职业教育工程监理专业教学文件》（土建施工类专业分指导委员会组织编写，中国建筑工业出版社2010年出版）为依据，并全面反映近年来的新标准，充分吸纳新工艺、新技术、新材料、新设备和新的管理模式；

（2）更新教材编写理念，体现近年来职业教育改革成果，引导工程监理专业教学改革；

（3）改进教材版式设计，提高读者学习兴趣。

教学改革是一个不断深化的过程，教材建设也是一个不断推陈出新的过程，希望全体参编人员及时总结各院校教学改革的新经验，通过不断修订完善，将这套教材打造成"精品"。

全国高职高专教育土建类专业教学指导委员会

土建施工类专业分指导委员会

2013年5月

序 言

我国自 1988 年开始实行工程建设监理制度。目前，全国监理企业已发展到 6200 余家，取得注册监理工程师执业资格证书者达 10 万余人。工程监理制度的建立与推行，对于控制我国工程项目的投资、保证工程项目的建设周期、确保工程项目的质量，以及开拓国际建筑市场均具有十分重要的意义。

但是，由于工程监理制度在我国起步晚，基础差，监理人才尤其是工程建设一线的监理人员十分匮乏，且人员分布不均、水平参差不齐。针对这一现状，近四五年以来，不少高职高专院校开办工程监理专业。但高质量教材的缺乏，成为工程监理专业发展的重要制约因素。

高职高专教育土建类专业教学指导委员会（以下简称"教指委"）是在教育部、建设部领导下的专家组织，肩负着指导全国土建类高职高专教育的责任，其主要工作任务是，研究如何适应建设事业发展的需要设置高等职业教育专业，明确建设类高等职业教育人才的培养标准和规格，构建理论与实践紧密结合的教学内容体系，构筑"校企合作、产学结合"的人才培养模式，为我国建设事业的健康发展提供智力支持。在建设部人事教育司的具体指导下，教指委于 2004 年 12 月启动了"工程监理专业教育标准、培养方案和主干课程教学大纲"课题研究，并被建设部批准为部级教学研究课题，其成果《工程监理专业教育标准和培养方案及主干课程教学大纲》已由中国建筑工业出版社正式出版发行。通过这一课题的研究，各院校对工程监理专业的培养目标、人才规格、课程体系、教学内容、课程标准等达成了广泛共识。在此基础上，组织全国的骨干教师编写了《建筑工程质量控制》、《建筑施工组织与进度控制》、《建筑工程计价与投资控制》、《工程建设法规与合同管理》、《建筑设备工程》5 门课程教材，与建筑工程技术专业《建筑识图与构造》、《建筑力学》、《建筑结构》、《地基与基础》、《建筑材料》、《建筑施工技术》、《建筑工程测量》7 门课程教材配套作为工程监理专业主干课程教材。

本套教材的出版，无疑将对工程监理专业的改革与发展产生深远的影响。但是，教学改革是一个不断深化的过程，教材建设也是一个推陈出新的过程。希望全体参编人员及时总结各院校教学改革的新经验，不断吸收建筑科技的新成果，通过修订完善，将这套教材做成"精品"。

全国高职高专教育土建类专业教学指导委员会
2006 年 6 月

修 订 版 前 言

本教材按全国高职高专土建施工类专业《"十二五"规划教材研讨与编写工作会议》要求进行了重新修订。

本教材内容分为二部分:一部分是施工组织,主要讲述建筑施工组织原理和网络计划基本知识,编制建筑施工组织设计的原理和基本方法;另一部分是施工进度控制,主要介绍建筑工程施工进度计划实施和检查的原理,施工进度计划的调整方法。

教材重新修订过程中,编者对第四章进行了重新编写,对第五章和第六章进行了重点修订。编者着力将工程建设领域内新规范、新规程和新的法律法规中相关内容编入教材。贯彻能力本位要求,突出应用性和实践性。以培养技术能力为主线的理论知识和实践应用的相辅相成,在教材内容的组织和表达上,努力做到理论联系实际,力求既注重知识内在的逻辑关系,又注意对学生实践能力的训练。配以工程实例、便于学习和掌握。

本教材由武佩牛主编,上海建峰职业技术学院金忠盛编写第一章、上海建峰职业技术学院姚奎发编写第二、三章、上海建峰职业技术学院武佩牛和许瑾编写第四章、上海建峰职业技术学院武佩牛编写第七章、大连海洋大学职业技术学院刘卫东编写第五、六章。本教材由湖北城市建设职业技术学院危道军主审,谨此表示衷心的感谢!

限于编者的水平,书中难免有错误和不当之处,恳请读者批评指正。

前　言

　　本教材是按全国高职高专教育土建类专业教学指导委员会编制的《工程监理专业教育标准和培养方案及主干课程教学大纲》要求编写的。

　　本教材内容分为两部分：一部分是施工组织，主要讲述建筑施工组织原理和网络计划基本知识，编制建筑施工组织设计的原理和基本方法；另一部分是施工进度控制，主要介绍建筑工程施工进度计划实施和检查的原理，施工进度计划的调整方法。

　　教材编写过程中，编者着力贯彻能力本位要求，突出应用性和实践性。以培养技术能力为主线的理论知识和实践应用的相辅相成，在教材内容的组织和表达上，努力做到理论联系实际，力求既注重知识内在的逻辑关系，又注意对学生实践能力的训练。配以工程实例，便于学习和掌握。

　　本教材由武佩牛主编，上海建峰职业技术学院金忠盛编写第一章、上海建峰职业技术学院姚奎发编写第二、三章、上海建峰职业技术学院武佩牛编写第四章、第七章、大连水产学院职业技术学院刘卫东编写第五、六章。本教材由湖北城市建设职业技术学院危道军主审，谨此表示衷心的感谢！

　　限于编者的水平，书中难免有错误和不当之处，恳请读者批评指正。

目　　录

第一章 绪 论

【学习重点】 建筑施工组织与进度控制是研究建筑工程项目施工过程中各生产要素之间的合理组织和有效控制问题，是建筑企业对施工过程实行科学管理的重要手段。通过本章内容的学习：理解建筑施工组织设计的概念和建筑施工组织设计的分类；理解建筑施工组织总设计、单位工程施工组织设计及分部分项工程施工设计三者之间的联系和区别。

第一节 本课程研究对象和基本任务

一、建筑施工组织与进度控制的研究对象

建筑施工组织与进度控制是研究建筑产品（一个建筑项目或单位工程等）的生产即施工过程中各生产要素（劳动力、建筑材料、施工机具、施工方法、资金等）之间的合理组织和有效控制问题。

一个建筑项目或单位工程可以采用不同的施工方法、不同的施工顺序和不同的施工进度，因此，建筑施工组织与进度控制就是针对工程施工的条件复杂性、变化多样性、内在规律性，探讨与研究合理组织施工和进行有效的进度控制，为达到工程建设的最优效果，寻求最合理的统筹安排与系统管理客观规律的一门学科。

二、建筑施工组织与进度控制的基本任务

建筑施工组织与进度控制是在深入研究国内外施工组织与进度控制理论的基础上，总结我国施工组织与进度控制的实践经验，给建筑工程的施工提供良好的管理方案，为社会主义现代化建设事业服务。

建筑工程施工牵涉面广、周期长、制约因素多，根据建筑工程施工的技术经济特点，国家的建设方针政策和法律法规，建设单位（业主）的计划与要求，所提供的工程条件与环境，对耗用的大量人力、资金、材料、机械以及施工方法等进行合理的安排，协调各方关系，使其在一定的时间和空间内，实现有组织、有计划、有秩序地施工，以期使整个工程施工达到相对最优的效果。

建筑施工组织与进度控制的基本任务为：

（1）确定开工前必须完成的各项准备工作；

（2）贯彻国家的方针政策、法律法规、规范规程，从工程的全局出发，做好施工部署；

（3）提出切实可行的技术、质量和安全保证措施；

（4）综合考虑、合理规划和布置施工现场平面；

（5）确定施工方案，选择施工方法和施工机械；

（6）合理安排施工顺序，确定施工进度计划；

（7）合理计算资源需用量，以便及时组织供应，降低施工成本；

（8）编制施工组织设计；

（9）施工进度检查与调整，确保工程按要求工期完成。

在我国，建筑施工组织与进度控制作为一门学科还很年轻，还不够完善，但正日益引起广大建筑施工管理人员的重视。因为科学的施工组织与管理可以为企业带来直接的、巨大的社会效益和经济效益。目前，建筑施工组织与进度控制学科已作为建筑工程相关专业的必修课程，也是建筑工程项目管理人员的必备知识。

学习和研究建筑施工组织与进度控制，必须具有建筑制图、建筑材料、建筑力学等基础知识，同时具有建筑结构和建筑施工技术等专业知识。进行建筑施工的组织与进度控制工作，是对专业知识、组织管理能力、应变能力等的综合运用。目前，在建筑施工组织与进度控制中还引入了计算机技术，使得在组织施工和工程的进度、质量、安全、成本控制中，更便捷、更准确、更有效。

第二节　建筑施工组织的原则和施工程序

一、建筑施工组织的概念

建筑施工是生产建筑产品的活动。要进行这种活动，就需要有建筑材料、施工机具及具有一定生产劳动经验和掌握专业技能的劳动者。并且需要把所有这些生产要素按照建筑施工的技术规律和组织规律以及设计文件的要求，在空间上按照相互的位置，在时间上按照先后的顺序，在数量上按照不同的比例，将它们合理地组织起来，让劳动者在统一的组织管理下进行活动，即由不同的劳动者运用不同的施工机具以不同的施工方式对不同的建筑材料进行加工。只有通过建筑施工活动，才能建造出各种工厂、住宅、公共建筑、道路、桥梁等建筑物或构筑物，以满足人们的生产和生活的需要。

按照组织学的理论，组织应包括组织结构学和组织行为学。

建筑施工组织就是指建筑施工前对参与施工的各生产要素的计划安排。其中包括施工条件的调查研究、施工准备、施工方案的确定，施工进度计划的编制，施工场地平面布置等。就狭义而言，建筑施工组织仅指建筑施工中组织实施和具体施工过程中进行的指挥调度活动，其中也包括施工过程中对各项工作的检查、监督、控制与调整等。若就广义而言，通常建筑施工组织这个概念是指既包括上述的施工管理，也包括施工组织所组成的全部建筑施工活动的内容。

二、建筑施工组织的原则

在建筑施工中，科学有序地组织高效率的施工是非常重要的，同时必须留有余地，以便充分发挥管理者和工人的积极性和创造性。在工程项目质量、进度、成本、安全等诸目标中，需要统筹安排，综合考虑。这就要求在遵循施工组织基本原则的基础上，求得最佳方案，完成建筑施工任务。根据建筑施工的特点和经验，建筑施工组织的基本原则是：

（1）严格遵守基本建设程序和施工程序，保证重点，统筹安排工程项目；

（2）采用先进施工技术和提高施工机械化水平；

（3）合理地编制施工计划，组织连续、均衡、紧凑的施工；

（4）强化施工管理，确保工程质量和施工安全；

（5）合理布置施工现场，组织文明施工；

（6）进行技术经济活动分析，贯彻增产节约方针，降低工程成本。

三、建筑施工程序

建筑施工程序是拟建工程项目在整个施工阶段中必须遵循的客观规律，它是多年来建筑施工实践经验的总结，反映了整个建筑施工阶段必须遵循的先后次序。不论是一个建设项目还是一个单位工程的施工，通常分为三个阶段进行，即施工准备阶段、施工过程阶段、竣工验收阶段，这就是施工程序。一般建筑施工程序按以下步骤进行：

1. 承接施工任务，签订施工合同

施工单位承接任务的方式一般有两种：受建设单位（业主）直接委托而承接；通过投标而中标承接。不论是哪种方式承接任务，施工单位都要核查其施工项目是否有批准的正式文件，审查通过的施工图纸，是否落实投资等。

承接施工任务后，建设单位与施工单位应根据《合同法》和《建筑法》的有关规定签订施工承包合同。施工承包合同应规定承包的内容、要求、工期、质量、造价、安全及材料供应等，明确合同双方应承担的义务和职责及应完成的施工准备工作。施工合同应采用书面形式，经双方法定代表人签字盖章后具有法律效力，必须共同履行。

2. 全面统筹安排，编制施工组织设计

签订施工合同后，施工单位应全面了解工程性质、规模、特点及工期要求等，进行场址勘察、技术经济和社会调查，收集有关资料，编制施工组织总设计或单位工程施工组织设计。

施工组织设计经批准后，施工单位应先组织先遣人员进入施工现场，与建设单位、监理单位密切配合，共同做好开工前的各项准备工作，为顺利开工创造条件。

3. 落实施工准备，提出开工报告

根据施工组织设计的规划，对施工的各单位工程，应抓紧落实各项施工准备工作。如会审图纸，落实劳动力、材料、构件、施工机具及现场"三通一平"等。具备开工条件后，提出开工报告，并经审查批准，即可正式开工。

4. 精心组织施工，加强科学管理

施工过程是施工程序中的主要阶段，应从整个阶段现场的全局出发，按照施工组织设计精心组织施工，加强各单位、各部门的配合与协作，协调解决各方面的问题，使施工活动顺利开展。

在施工过程中，应加强技术、材料、质量、安全、进度等各项管理工作，按工程项目管理方法，落实施工单位内部承包的经济责任制，全面做好各项经济核算与管理工作，严格执行各项技术、质量检验制度。

施工阶段是直接生产建筑产品的过程，所以也是施工组织工作的重点所在。这个阶段需要进行质量管理，以保证工程符合设计与使用的要求；抓好进度控制，使工程如期竣工；落实安全措施，不发生工程安全事故；并做好成本控制，以增加经济效益。

5. 工程验收，交付使用

这是施工的最后阶段。在交工验收前，施工单位内部应先进行验收，检查各分部分项工程的施工质量，整理各项交工验收的技术经济资料。在此基础上，由建设单位组织竣工验收合格后，报政府主管部门备案，办理验收签证书，并交付使用。

竣工验收也是施工组织工作的结束阶段，这一阶段主要做好竣工文件资料的准备工作和组织好工程的竣工收尾，同时也必须搞好施工组织工作的总结，以便积累经验，不断提高管理的水平。

第三节 建筑施工组织设计的概念和分类

一、建筑产品和建筑施工的特点

（一）建筑产品的特点

由于建筑产品的生产都是根据建设单位各自的需要，按设计的图纸，在指定地点建造的。加之建筑产品所用材料、结构、构造以及平面与空间组合的变化多样，就构成了建筑产品的如下特点：

1. 建筑产品的固定性

任何建筑产品（建筑物或构筑物）都是在建设单位所选定的地点建造和使用的。建筑及其所承受的荷载通过基础全部传给地基，它与所选定地点的土质是不可分割的。因此，建筑产品的建造和使用地点在空间上是固定的，这是建筑产品最显著的特点。

2. 建筑产品的多样性

建筑产品种类繁多，用途各异，建筑产品不但需要满足业主对其使用的功能和质量的要求，而且还要按照当地特定的社会环境、人文背景和自然条件来设计和建造。因此，建筑产品在规模、形体、结构、构造、材料选用、装饰类型和基础等诸方面能组合起多种多样的变化，从而构成了类型多样的建筑产品。

3. 建筑产品的体形庞大

建筑产品比起一般的工业产品会消耗大量的人力和物质资源，为了满足特定的使用功能，必然占据较大的地面与空间，因而建筑产品的体形庞大。

4. 建筑产品的复杂性

建筑物在艺术风格、建筑功能、结构构造、装饰做法等方面都堪称一种复杂的产品，其施工工序多并且相互交叉错综复杂。

（二）建筑施工的特点

建筑产品施工的特点是由建筑产品的特点决定的。建筑产品（建筑物或构筑物）的特点是在空间上的固定性、多样性、体形庞大及复杂性。这些产品特点决定了建筑产品施工的特点：

1. 建筑施工的流动性

由于建筑产品的固定性，在建筑施工中，工人、机具、材料等不仅要随着建筑物建造地点的变化而流动，而且还要随着建筑物施工部位的改变而在不同的空间流动，这就要求事先有一个周密的施工组织设计，使流动着的工人、机具、材料等互相协调配合，做好流水施工的安排，使建筑物的施工连续、均衡地进行。

2. 建筑施工的单件性

由于建筑产品的多样性，不同的甚至相同的建筑物，在不同的地区、季节及现场条件下，施工准备工作、施工工艺和施工方法等也不尽相同，一般没有固定的模式。因此，建筑施工是按工程个别地、单件地进行。这就要求事先有一个可行的施工组织设计，因地制宜、因时制宜、因条件制宜地搞好建筑施工。

3. 建筑施工的工期长

建筑施工的产品一般体积庞大、工程量大，施工工艺多、技术间歇性强，工程性质复杂，施工周期长。

4. 建筑施工的复杂性

由于建筑产品的复杂性，加上施工的流动性和单件性，受自然条件影响大，高空作业、立体交叉作业、地下作业和临时用工多，材料供应、设备供应和协作配合关系较复杂，决定了施工组织的复杂性。只有正确处理好其中的相互关系和矛盾，才能较好地完成工程项目的组织与管理工作。

二、建筑施工组织设计的概念

建筑施工组织设计是规划和指导拟建工程从施工准备到竣工验收全过程的一个综合性技术经济文件，是沟通工程设计和施工之间的桥梁。它既要体现拟建工程的设计和使用要求，又要符合建筑施工的客观规律，对施工的全过程起战略部署或战术安排的作用。

建筑施工组织设计既是施工准备工作的重要组成部分，又是做好施工准备工作的主要依据和重要保证。

建筑施工组织设计是对施工过程实行科学管理的重要手段，是编制施工预算和施工计划的主要依据，是建筑企业合理组织施工和加强项目管理的重要措施。

建筑施工组织设计是检查工程质量、施工进度、投资（成本）三大目标的依据，也是建设单位与施工单位之间履行合同、处理关系的主要依据。

因此，编好建筑施工组织设计，对于按科学规律组织施工，建立正常的施工秩序，有计划地开展各项施工过程；对于及时做好各项施工准备工作，保证劳动力和各种资源的均衡供应和使用；对于协调各施工单位之间、各工种之间、各种资源之间以及空间布置与时间安排之间的关系；对于保证施工顺利进行，按期按质按量完成施工任务，取得更好的施工经济效益等等，都将起到重要的、积极的作用。

三、建筑施工组织设计的分类

建设项目，简称项目。凡是按一个总体规划设计和组织施工，建成后具有完整的系统，可以完整地形成生产能力或使用价值的建设工程，称为一个建设项目。

凡是具有独立的设计文件，具备独立施工条件并能形成独立使用功能的建筑物或构筑物称为一个单位工程。

组成单位工程的若干个分部称为分部工程，组成分部工程的若干个施工过程称为分项工程。

建筑施工企业一般通过投标竞争获得施工任务，当建筑施工企业中标后，再按照承包方式与建设单位签订工程施工承包合同。

建筑施工组织设计按中标前后的不同分为投标前的施工组织设计（通常简称"标前设计"）和投标后的施工组织设计（通常简称"标后设计"）。前者是满足编制工程投标书和签订施工承包合同的需要；后者是满足工程项目施工准备和施工的需要。

（一）投标前的施工组织设计

投标前的施工组织设计是指在投标之前编制的施工项目管理规划，作为编制投标书和进行签约谈判的依据。施工单位为了使投标书具有竞争力以实现中标，必须编制标前施工组织设计，对投标书所要求内容进行筹划和决策，并附入投标文件之中。标前施工组织设计的水平既是能否中标的关键因素，又是总承包单位进行分包招标和分包单位编制投标书的重要依据。它还是承包单位进行合同谈判、提出要约和承诺的根据和理由，是拟定合同文本相关条款的基础资料。它应当由公司技术或经营部门进行编制，其内容包括：

（1）施工方案。包括主要分部工程的施工方法选择，施工机械选用，劳动力投入，主要材料和半成品的使用方法。

（2）施工进度计划。包括工程开、竣工日期，施工进度计划表及说明。

（3）主要技术组织措施。包括关键分部和分项工程的质量、进度、安全、防治环境污染等方面的技术组织措施。

（4）施工平面图。包括施工现场道路、施工机械、临时用水、临时用电的布置，施工办公室、施工棚、宿舍等临时设施的布置等。

（5）其他有关投标和签约谈判需要的设计技术文件。

（二）投标后的施工组织设计

投标后的施工组织设计是在工程中标，签订施工承包合同以后编制的，作为具体指导施工全过程的技术文件。

建筑施工组织设计根据编制对象范围的不同大致可分为三类，即：施工组织总设计、单位工程施工组织设计和分部分项工程施工设计。

1. 建筑施工组织总设计

建筑施工组织总设计是以一个建设项目或建筑群为编制对象，规划其施工全过程各项活动的技术、经济的全局性、控制性文件。它是整个建设项目施工的战略部署，涉及范围较广，内容比较概括。它一般是在初步设计或扩大初步设计批准后，由总承包单位的总工程师负责，会同建设、设计和分包单位的工程师，共同编制的。它也是施工单位编制年度施工计划和单位工程施工组织设计的依据。

建筑施工组织总设计的主要内容包括：工程概况，施工部署与施工方案，施工总进度计划，施工准备工作及各项资源需要量计划，施工总平面图，主要技术组织措施及主要技术经济指标等。

2. 单位工程施工组织设计

单位工程施工组织设计是以单位工程（一个建筑物或一个构筑物）为编制对象，用来指导其施工全过程各项活动的技术、经济的局部性、指导性文件。它是拟建工程施工的战术安排，是施工单位年度施工计划和施工组织总设计的具体化，内容更详细。它是在施工图审查通过后，由工程项目部主任工程师负责编制，可作为编制季度、月度计划和分部分项工程施工设计的依据。对于工程规模小、结构简单的工程，其单位工程施工组织设计可采用简化形式，仅编制施工方案。

单位工程施工组织设计的主要内容包括：工程概况、施工准备工作、施工方法与施工方案、施工进度计划、各项资源需要量计划、主要技术组织措施、施工安全方案和施工平面布置图等。

3. 分部分项工程施工设计

分部分项工程施工设计是以施工难度较大或技术较复杂的分部分项工程为编制对象，用来指导其施工活动的技术、经济文件。把单位工程施工组织设计进一步具体化，是专业工程的具体施工设计。一般在单位工程施工组织设计确定了施工方案后，由工程项目工程师负责编制。

分部分项工程施工设计的主要内容包括：工程概况、施工方案、施工进度表、技术安全措施及施工平面图等。

思 考 题

1. 建筑施工组织与进度控制课程的研究对象和基本任务是什么？
2. 什么是建筑施工组织？建筑施工组织的原则是什么？
3. 简述建筑施工程序。
4. 简述建筑产品和建筑施工的特点。
5. 试述建筑施工组织设计的概念。
6. 建筑施工组织设计可以分为哪几类？它们的定义各是什么？

第二章　建筑施工组织原理

【学习重点】 建筑工程施工要做到有条不紊地进行，有效的施工组织方法就是采用流水施工和网络计划技术。通过本章内容的学习：理解流水施工参数的概念；掌握有节奏流水施工和无节奏流水施工在各种施工条件下的应用；重点掌握双代号网络计划图的绘制、时间参数的计算、关键工作及关键线路的确定和应用；掌握单代号网络计划图的绘制、时间参数的计算、关键工作及关键线路的确定和应用；掌握双代号时标网络计划的概念、绘图方法、时间参数的计算、关键工作及关键线路的确定和应用；会网络计划的工期、资源和费用优化。

第一节　流水施工的基本概念

一、流水施工的概念

建筑工程的施工是由许多个施工过程组成的，流水施工是指所有的施工过程按一定的时间间隔依次投入施工，各个施工过程陆续开工，陆续竣工，使同一施工过程的专业队保持连续、均衡施工，相邻两专业队能最大限度地搭接施工。

二、流水施工与其他施工组织方式的比较

考虑工程项目的施工特点、工艺流程、资源利用等要求，其施工方式除上述流水施工外，还有依次施工、平行施工等方式。

为说明三种施工方式，现设某住宅区拟建三幢结构相同的建筑物，编号分别为Ⅰ、Ⅱ、Ⅲ，各建筑物的基础工程均划分为挖土方、浇混凝土基础和回填土三个施工过程，分别由相同的专业队按施工工艺要求依次完成。每个专业队在每幢建筑物的施工时间均为5天，各专业队的人数分别为12人、20人、10人。三幢建筑物基础工程施工的组织方式如图 2-1 中所示。

（一）依次施工

依次施工是施工对象一个接一个地按顺序组织施工的方法，各专业队按顺序依次在各施工对象上工作。这种方式的施工进度安排，总工期及劳动力需求曲线如图 2-1 中"依次施工"栏所示。

依次施工比较简单，投入的劳动力较少，资源需要量不大，适用于规模较小，工作面有限的工程。其突出的问题是各专业队不能连续工作，施工工期长。

（二）平行施工

平行施工是所有施工对象同时开工同时完工的施工方法，各专业队同时在各施工对象上工作。这种方式的施工进度安排，总工期及劳动力需求曲线如图 2-1 中"平行施工"栏所示。

平行施工可以缩短工期，但劳动力和资源需要量集中。这种方法适用于工期要求紧，

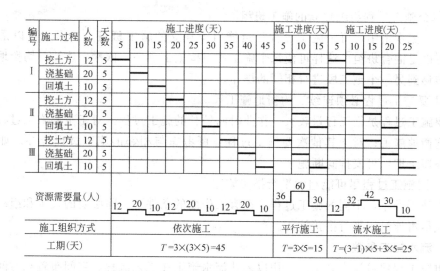

图 2-1　施工方法比较图

且工作面允许及资源保证供应的工程。

（三）流水施工

流水施工是各专业队按顺序依次连续、均衡、有节奏地在各施工对象上工作，就像流水一样从一个施工对象转移到另一个施工对象。这种方式的施工进度安排，总工期及劳动力需求曲线如图 2-1 中"流水施工"栏所示。

流水施工综合了依次施工和平行施工的优点，消除了它们的缺点。流水施工的实质是充分利用时间和空间，从而达到连续、均衡有节奏的施工目的，缩短了工期，提高了劳动生产率，降低了工程成本。

三、组织流水施工的特点和条件

（一）流水施工的特点

（1）充分利用了工作面，争取了时间，有利于缩短工期；

（2）各工作队实现专业化施工，有利于改进操作技术，保证工程质量，提高劳动生产率；

（3）专业工作队能够连续作业，相邻两工作队之间实现了最大限度的合理搭接；

（4）单位时间投入施工的资源量较为均衡，有利于资源供应的组织工作；

（5）为现场文明施工和科学管理创造了条件。

（二）组织流水施工的条件

1. 划分施工过程

划分施工过程就是把拟建工程的整个建造过程分解为若干个施工过程。划分施工过程的目的是为了对施工对象的建造过程进行分解，以便于逐一实现局部对象的施工，从而使施工对象整体得以实现。也只有这种合理的分解才能组织专业化施工和有效协作。

2. 划分施工段

根据组织流水施工的需要，将拟建工程在平面上或空间上，尽可能地划分为劳动量大致相同的若干个施工段。

3. 每个施工过程组织独立的施工班组

在一个流水组中，每个施工过程尽可能组织独立的施工班组，其形式可以是专业班组，也可以是混合班组。这样可使每个施工班组按施工顺序，依次、连续、均衡地从一个施工段转移到另一个施工段进行相同的操作。

4. 主要施工过程必须连续、均衡地施工

主要施工过程是指工程量较大，作业时间较长的施工过程。对于主要施工过程，必须连续、均衡地施工；对于其他次要施工过程，可考虑与相邻的施工过程合并。如不能合并，为缩短工期，可安排间断施工。

5. 不同施工过程尽可能组织平行搭接施工

根据施工顺序，不同的施工过程，在有工作面的条件下，除必要的技术和组织间歇时间外，应尽可能组织平行搭接施工。

四、流水施工参数

在组织工程项目流水施工时，用以表达流水施工在工艺流程、空间布置和时间排列方面开展状态的参数，称为流水参数。包括：工艺参数、空间参数和时间参数三类。

（一）工艺参数

在组织流水施工时，用以表达流水施工在施工工艺上开展顺序及其特征的参数，称为工艺参数。包括：施工过程和流水强度。

1. 施工过程

组织建设工程流水施工时，根据施工组织及计划安排需要而将计划任务划分成的子项称为施工过程。施工过程的数目通常用 n 表示。

施工过程划分的数目多少、粗细程度一般与下列因素有关：

（1）施工进度计划的作用

当编制控制性施工进度计划时，其施工过程可以划分得粗一些，施工过程可以是单位工程，也可以是分部工程。当编制实施性施工进度计划时，施工过程可以划分得细一些，施工过程可以是分项工程。对月度作业性计划，有些施工过程还可分解为工序，如安装模板、绑扎钢筋等。

（2）施工方案及工程结构

厂房的柱基础与设备基础挖土，如同时施工，可合并为一个施工过程；如先后施工，可分为两个施工过程。承重墙与非承重墙的砌筑也是如此。砖混结构、大板结构、装配式框架结构与现浇混凝土框架等不同的结构体系，其施工过程划分及其内容也各不相同。

（3）劳动组织及劳动量大小

施工过程的划分与施工班组及施工习惯有关。如安装玻璃和油漆的施工，可合也可分。因此，有的是混合班组，有的是单一工种的班组。施工过程的划分还与劳动量大小有关。劳动量小的施工过程，当组织流水施工有困难时，可与其他施工过程合并。如垫层劳动量较小时可与挖土合并为一个施工过程。这样，可以使各个施工过程的劳动量大致相等，便于组织流水施工。

（4）劳动内容和范围

施工过程的划分与其劳动内容和范围有关。如直接在施工现场与工程对象上进行的劳动过程，可以划入流水施工过程，而场外劳动内容（如预制加工、运输等）可以不划入流水施工过程。

2. 流水强度

某施工过程在单位时间内所完成的工程量，称为该施工过程的流水强度。

流水强度可用公式（2-1）计算求得：

$$V = \sum_{i=1}^{X} R_i \cdot S_i \tag{2-1}$$

式中　V——某施工过程的流水强度；

　　　R_i——投入该施工过程中的第 i 种资源量（施工机械台数、人员数）；

　　　S_i——投入该工程中的第 i 种资源的产量定额；

　　　X——投入该工程的资源种类数。

（二）空间参数

在组织流水施工时，用以表达流水施工在空间布置上开展状态的参数，称为空间参数。包括：工作面、施工段和施工层。

1. 工作面

工作面是指供某专业工种的工人或某施工机械进行施工的活动空间。工作面的大小，表明能安排施工人数或机械台数的多少。每个作业的工人或每台施工机械所需工作面的大小，取决于单位时间内完成的工程量和安全施工的要求。工作面确定的合理与否，直接影响专业工作队的生产效率，因此必须合理确定工作面。

有关主要工种的工作面可参考表 2-1。

主要工种的工作面参考数据表　　　　　　　表 2-1

工 作 项 目	每个技工的工作面	说　　明
砖基础	7.6m/人	以一砖半计,2砖×0.8,3砖×0.55
砌砖墙	8.5m/人	以一砖计,1.5砖×0.71,2砖×0.57
混凝土柱、墙基础	8m³/人	机拌、机捣
混凝土设备基础	7m³/人	机拌、机捣
现浇钢筋混凝土柱	2.45m³/人	机拌、机捣
现浇钢筋混凝土梁	3.2m³/人	机拌、机捣
现浇钢筋混凝土墙	5m³/人	机拌、机捣
现浇钢筋混凝土楼板	5.3m³/人	机拌、机捣
预制钢筋混凝土柱	3.6m³/人	机拌、机捣
预制钢筋混凝土梁	3.6m³/人	机拌、机捣
预制钢筋混凝土屋架	2.7m³/人	机拌、机捣
预制钢筋混凝土平板空心板	1.91m³/人	机拌、机捣
混凝土地坪及面层	40m²/人	机拌、机捣
外墙抹灰	16m²/人	
内墙抹灰	18.5m²/人	
卷材屋面	18.5m²/人	
防水水泥砂浆屋面	16m²/人	
门窗安装	11m²/人	

2. 施工段

将施工对象在平面或空间上划分成若干个劳动量大致相等的施工段落，称为施工段或流水段。施工段的数目通常用 m 表示，它是流水施工的基本参数之一。

（1）划分施工段的目的

划分施工段的目的就是为了组织流水施工。由于建筑产品体形庞大，可以将其划分成具有若干个施工段、施工层的"批量产品"，使其满足流水施工的基本要求。在保证工程质量的前提下，为专业工作队确定合理的空间活动范围，使其按流水施工的原理，集中人力和物力，迅速地、依次地、连续地完成各段的任务，为相邻专业工作队尽早地提供工作面，达到缩短工期的要求。

（2）划分施工段的原则

1）同一专业工作队在各个施工段上的劳动量应大致相等，其相差幅度不宜超过10%～15%；

2）每个施工段内要有足够的工作面，以保证相应数量的工人、主导施工机械的生产效率，满足合理的劳动组织要求；

3）施工段的界限应尽可能与结构界限（如沉降缝、伸缩缝等）相吻合，或设在对建筑结构整体性影响小的部位，以保证建筑结构的整体性；

4）施工段的数目要满足合理组织流水施工的要求。施工段过多，会降低施工速度，延长工期；施工段过少，不利于充分利用工作面，可能造成窝工；

5）当组织流水施工对象有层间关系时，为使各专业工作队能够连续工作，每层施工段数目应满足：$m \geqslant n$。

当 $m = n$ 时，各专业工作队连续施工，工作面能充分利用，无停歇现象，也不会产生工人窝工现象，比较理想；

当 $m > n$ 时，各专业工作队仍是连续施工，虽然有停歇的工作面，但不一定是不利的，有时还是必要的。如利用停歇的时间做养护、备料、弹线等工作；

当 $m < n$ 时，各个专业工作队不能连续施工，这是组织流水作业不能允许的。

3. 施工层

在组织流水施工时，为了满足专业工种对操作高度和施工工艺的要求，将拟建工程项目在竖向上划分为若干个操作层，这些操作层称为施工层。

施工层的划分，要按工程项目的具体情况，根据建筑物的高度、楼层确定。如砌筑工程的施工层高度一般为 1.2m，内抹灰、木装饰、油漆、玻璃和水电安装等，可按楼层进行施工层划分。

（三）时间参数

在组织流水施工时，用以表达流水施工在时间安排上所处状态的参数，称为时间参数。包括：流水节拍、流水步距、技术间歇、组织间歇和平行搭接时间。

1. 流水节拍

流水节拍是指某个专业工作队在一个施工段上的施工时间。流水节拍通常以"t"表示。

流水节拍的大小，可以反映流水速度快慢、资源供应量大小，同时，流水节拍也是区别流水施工组织方式的特征参数。

影响流水节拍的主要因素有：采用的施工方法、投入的劳动力或施工机械的多少以及所采用的工作班次。为避免浪费工时，流水节拍在数值上应为半个班的整数倍。

流水节拍可按下列两种方法确定：

（1）定额计算法

如果已有定额标准时，可按公式（2-2）确定流水节拍：

$$t_{ji} = \frac{Q_{ji}}{S_j \cdot R_j \cdot N_j} = \frac{Q_{ji} \cdot H_j}{R_j \cdot N_j} = \frac{P_{ji}}{R_j \cdot N_j} \qquad (2-2)$$

式中　t_{ji}——专业工作队（j）在施工段（i）的流水节拍；

Q_{ji}——专业工作队（j）在施工段（i）的工程量；

S_j——专业工作队（j）的计划产量定额；

H_j——专业工作队（j）的计划时间定额；

R_j——专业工作队（j）所投入的工人数或机械台数；

N_j——专业工作队（j）的工作班次；

P_{ji}——专业工作队（j）在施工段（i）的劳动量或机械台班数量。

如果根据工期要求采用倒排进度的方法确定流水节拍时，可采用上式反算出所需要的工人数或机械台数。但在此时，必须检查劳动力、材料和施工机械供应的可能性，以及工作面是否足够等，否则就需采用增加班次来调整解决。

（2）经验估算法

它是根据以往的施工经验进行估算。一般为了提高其准确程度，往往先估算出该流水节拍的最长、最短、正常（即最可能）三种时间，然后据此求出期望时间作为某专业工作队在某施工段上的流水节拍。

一般按公式（2-3）进行：

$$t_{ji} = \frac{a_{ji} + 4c_{ji} + b_{ji}}{6} \qquad (2-3)$$

式中　t_{ji}——施工过程（j）在施工段（i）的流水节拍；

a_{ji}——施工过程（j）在施工段（i）的最短估算时间；

b_{ji}——施工过程（j）在施工段（i）的最长估算时间；

c_{ji}——施工过程（j）在施工段（i）的正常估算时间。

这种方法适用于没有定额可循的工程或项目。

2. 流水步距

流水步距是指组织流水施工时，相邻两个施工过程（或专业工作队）先后开始同一施工段的合理时间间隔。流水步距通常以 K 表示。

流水步距的数目取决于参加流水的施工过程数。如果施工过程数 n 个，则流水步距的个数为 $n-1$ 个。在施工段不变的情况下，流水步距越大，工期越长；流水步距越小，则工期越短。

确定流水步距的基本要求是：

（1）各专业工作队尽可能保持连续施工；

（2）各施工过程按各自流水速度施工，始终保持工艺先后顺序；

（3）相邻两个施工过程（或专业工作队）在满足连续施工的条件下，能最大限度地实现合理搭接。

3. 技术间歇

它是由建筑材料或现浇构件性质决定的间歇时间，如现浇混凝土构件养护时间以及砂浆抹面和油漆面的干燥时间。技术间歇通常以 Z 表示。

4. 组织间歇

它是施工组织原因而造成的间歇时间,如砌砖墙前墙身位置弹线,回填土前地下管道检查验收,以及其他作业前的准备工作。组织间歇通常以 G 表示。

5. 平行搭接

为了缩短工期,在工作面允许的条件下,有时在同一施工段中,当前一个专业工作队完成部分施工任务后,后一个专业工作队可以提前进入,两者形成平行搭接施工,这个搭接的时间称为平行搭接时间,平行搭接通常以 C 表示。

第二节 流水施工的方法

流水施工方法根据流水施工节拍的特征不同,可分为有节奏流水施工和无节奏流水施工两种。

一、有节奏流水施工

有节奏流水又可分为全等节拍流水施工、成倍节拍流水施工和异节拍流水施工。

(一)全等节拍流水施工

在组织流水施工时,如果各个施工过程在各个施工段上的流水节拍均相等,这种流水施工组织方式称为全等节拍流水,也称为等节拍流水或固定节拍流水。

1. 基本特点

(1)流水节拍均相等,即:

$$t_1 = t_2 = \cdots\cdots = t_{n-1} = t_n = t \quad (常数)$$

(2)流水步距相等,且等于流水节拍,即:

$$K_{1,2} = K_{2,3} = \cdots\cdots = K_{n-1,n} = K = t \quad (常数)$$

(3)每个专业工作队都能够连续施工,施工段没有空闲时间;

(4)专业工作队数 n_1 等于施工过程数 n,即:

$$n_1 = n$$

2. 施工工期

(1)无间歇时间的全等节拍流水施工

指各施工过程之间没有技术和组织间歇时间,也不安排搭接施工,且流水节拍均相等的一种流水施工方式。

其流水施工工期 T 可按公式(2-4)计算:

$$T = (n-1)t + m \cdot t = (m+n-1)t \tag{2-4}$$

式中 T——流水施工工期

其余符号如前所示。

【例 2-1】 某分部工程由 A、B、C、D 四个施工过程组成,划分成五个施工段,流水节拍均为 2 天。试组织全等节拍流水施工。

【解】 1. 计算流水施工工期

$$T = (m+n-1)t = (5+4-1) \times 2 = 16 天$$

2. 用横道图绘制流水施工进度计划,如图 2-2 所示。

(2)有间歇时间的全等节拍流水施工

指各施工过程之间有的需要技术或组织间歇时间,有的可搭接施工,且流水节拍均相

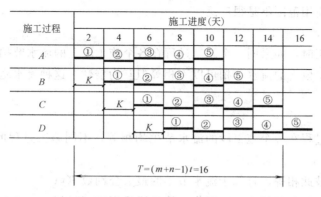

图 2-2　无间歇时间的全等节拍流水施工进度计划

等的一种流水施工方式。

其流水施工工期 T 可按公式（2-5）计算：

$$T=(n-1)t+\sum Z+\sum G-\sum C+m\cdot t=(m+n-1)t+\sum Z+\sum G-\sum C \qquad (2-5)$$

式中　T——流水施工工期；

　　　$\sum Z$——技术间歇时间总和；

　　　$\sum G$——组织间歇时间总和；

　　　$\sum C$——平行搭接时间总和。

其余符号如前所示。

【例 2-2】　某项目由Ⅰ、Ⅱ、Ⅲ、Ⅳ四个施工过程组成，分为四个施工段，流水节拍均为 3 天，施工过程Ⅰ与Ⅱ之间有 2 天的技术间歇时间，施工过程Ⅳ与Ⅲ搭接 1 天。试组织全等节拍流水施工。

【解】　1. 计算流水施工工期

$$T=(m+n-1)t+\sum Z+\sum G-\sum C=(4+4-1)\times3+2-1=22\text{天}$$

2. 用横道图绘制流水施工进度计划，如图 2-3 所示。

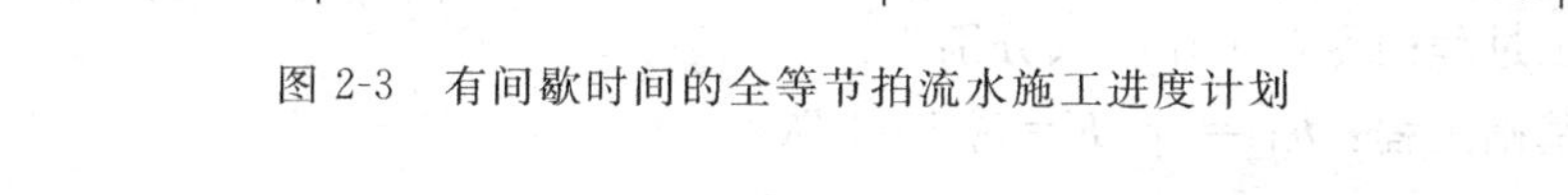

图 2-3　有间歇时间的全等节拍流水施工进度计划

3. 适用范围

全等节拍流水施工比较适用于分部工程流水（专业流水），不适用于单位工程，特别是大型的建筑群。因为全等节拍流水施工虽然是一种比较理想的流水施工方式，它能保证专业班组的工作连续，工作面充分利用，实现均衡施工。但由于它要求划分的各分部、分项工程都采用相同的流水节拍，这对一个单位工程或建筑群来说，往往十分困难且不容易达到。因此，实际应用范围不是很广泛。

　　（二）成倍节拍流水施工

　　在组织流水施工时，如果同一个施工过程在各个施工段上的流水节拍均相等，不同施工过程在同一个施工段上的流水节拍可以不相等但互为倍数，这种流水施工组织方式称为成倍节拍流水。

　　1. 基本特点

　　（1）同一施工过程在各个施工段的流水节拍均相等，不同施工过程的流水节拍不等，但其值为倍数关系；

　　（2）流水步距彼此相等，且等于流水节拍的最大公约数 K_b；

　　（3）每个专业工作队都能够连续工作，施工段没有空闲时间；

　　（4）专业工作队总数 n_1 大于施工过程数。

　　2. 施工工期

　　每个施工过程组建的专业工作队数可按公式（2-6）计算：

$$b_j = \frac{t_j}{K_b} \tag{2-6}$$

式中　　b_j——第 j 个施工过程的专业工作队数；

　　　　t_j——第 j 个施工过程的流水节拍；

　　　　K_b——流水节拍的最大公约数。

　　专业工作队总数　　　　　　　　$n_1 = \sum b_j$

　　流水施工工期 T 可按公式（2-7）计算：

$$T = (m + n_1 - 1)K + \sum Z + \sum G - \sum C \tag{2-7}$$

式中　　T——流水施工工期；

　　　　n_1——专业工作队总数。

　　其余符号如前所示。

　　【例 2-3】　某建设工程需建造四幢定型设计的装配式大板住宅，每幢房屋的主要施工过程及其作业时间为：基础工程 5 周、结构安装 10 周、室内装修 10 周、室外工程 5 周。试组织成倍节拍流水施工。

　　【解】　（1）计算流水步距

　　　　　　　　　　K_b＝最大公约数{ 5,10,10,5 }＝5 周

　　（2）确定专业工作队总数

　　各个施工过程的专业工作队数分别为：

　　Ⅰ——基础工程：$b_I = t_I / K = 5/5 = 1$ 队

　　Ⅱ——结构安装：$b_{II} = t_{II} / K = 10/5 = 2$ 队

　　Ⅲ——室内装修：$b_{III} = t_{III} / K = 10/5 = 2$ 队

　　Ⅳ——室外工程：$b_{IV} = t_{IV} / K = 5/5 = 1$ 队

　则：　　　　　　　　　　$n_1 = \sum b_j = 1 + 2 + 2 + 1 = 6$ 队

　　（3）确定流水施工工期

$$T = (m + n_1 - 1)K = (4 + 6 - 1) \times 5 = 45 \text{周}$$

（4）绘制流水施工进度计划，如图 2-4 所示

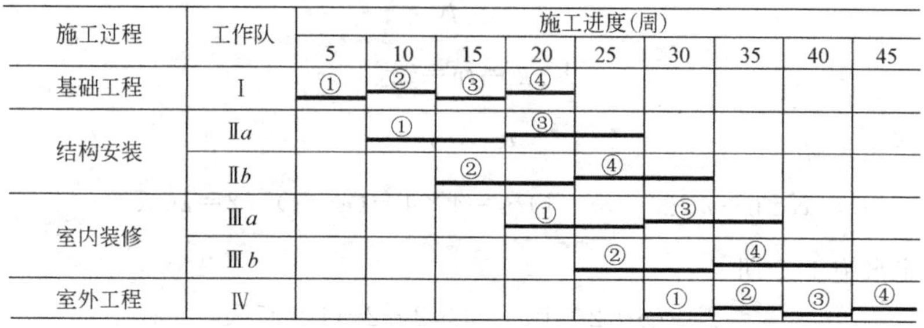

施工过程	工作队	施工进度(周)								
		5	10	15	20	25	30	35	40	45
基础工程	I	①	②	③	④					
结构安装	IIa		①		③					
	IIb			②		④				
室内装修	IIIa				①		③			
	IIIb					②		④		
室外工程	IV						①	②	③	④

图 2-4 大板住宅的成倍节拍流水施工进度计划

3. 适用范围

成倍节拍流水施工比较适用于一般房屋建筑工程的施工，也适用于线性工程（如道路、管道等）的施工。

（三）异节拍流水施工

在组织流水施工时，如果同一个施工过程在各个施工段上的流水节拍相等，不同施工过程之间的流水节拍不一定相等，这种流水施工方式称为异节拍流水。

1. 基本特点

（1）同一施工过程流水节拍相等，不同施工过程流水节拍不一定相等；

（2）相邻施工过程的流水步距不一定相等；

（3）每个专业工作队都能够连续施工，施工段可能有空闲时间；

（4）专业工作队数 n_1 等于施工过程数。

2. 流水步距的确定

$$K_{i,i+1} = \begin{cases} t_i & （当 t_i \leqslant t_{i+1} 时） \\ mt_i - (m-1)t_{i+1} & （当 t_i > t_{i+1} 时） \end{cases} \tag{2-8}$$

3. 施工工期

流水施工工期 T 可按公式（2-9）计算：

$$T = \sum K_{i,i+1} + mt_n + \sum Z + \sum G - \sum C \tag{2-9}$$

式中 T——流水施工工期；

t_n——最后一个施工过程的流水节拍。

其余符号如前所示。

【例 2-4】 某项目划分为 A、B、C、D 四个施工过程，分为四个施工段组织流水施工，各施工过程的流水节拍分别为 $t_A = 3$ 天，$t_B = 2$ 天，$t_C = 4$ 天，$t_D = 2$ 天，施工过程 A 完成后需有 2 天的技术间歇时间，施工过程 C 和 D 之间搭接施工 1 天，试组织异节拍流水施工。

【解】 1. 计算流水步距

$$t_A > t_B$$

$$K_{A,B} = m t_A - (m-1) t_B = 4 \times 3 - (4-1) \times 2 = 6 \text{天}$$

$$t_B < t_C$$

$$K_{B,C} = t_B = 2 \text{天}$$

$$t_C > t_D$$

$$K_{C,D} = m t_C - (m-1) t_D = 4 \times 4 - (4-1) \times 2 = 10 \text{天}$$

2. 计算流水施工工期

$$T = (6+2+10) + 4 \times 2 + 2 - 1 = 27 \text{天}$$

3. 绘制流水施工进度计划，如图 2-5 或图 2-6 所示。

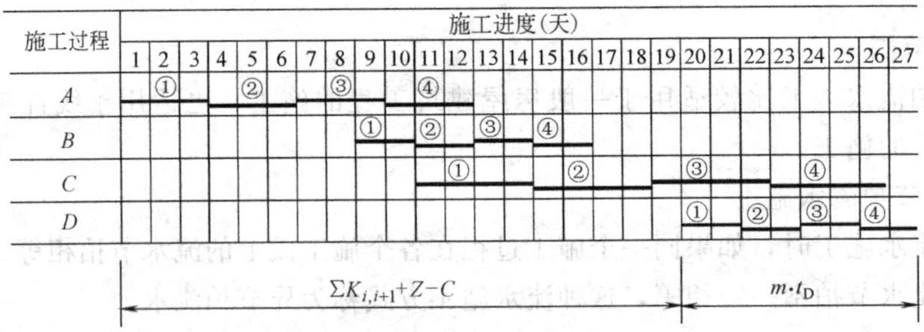

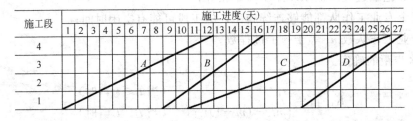

图 2-5 异节拍流水施工进度计划（横道图）

图 2-6 异节拍流水施工进度计划（斜线图）

【例 2-5】 在例 2-3 中，假如工作面、资源供应有限，试组织异节拍流水施工。

【解】 （1）计算流水步距

$$t_{\mathrm{I}} < t_{\mathrm{II}}$$

$$K_{\mathrm{I},\mathrm{II}} = t_{\mathrm{I}} = 5 \text{ 周}$$

$$t_{\mathrm{II}} = t_{\mathrm{III}}$$

$$K_{\mathrm{II},\mathrm{III}} = t_{\mathrm{II}} = 10 \text{ 周}$$

$$t_{\mathrm{III}} > t_{\mathrm{IV}}$$

$$K_{\mathrm{III},\mathrm{IV}} = m t_{\mathrm{III}} - (m-1) t_{\mathrm{IV}} = 4 \times 10 - (4-1) \times 5 = 25 \text{ 周}$$

（2）计算工期

$$T = (5 + 10 + 25) + 4 \times 5 = 60 \text{ 周}$$

（3）绘制流水施工计划，如图2-7所示。

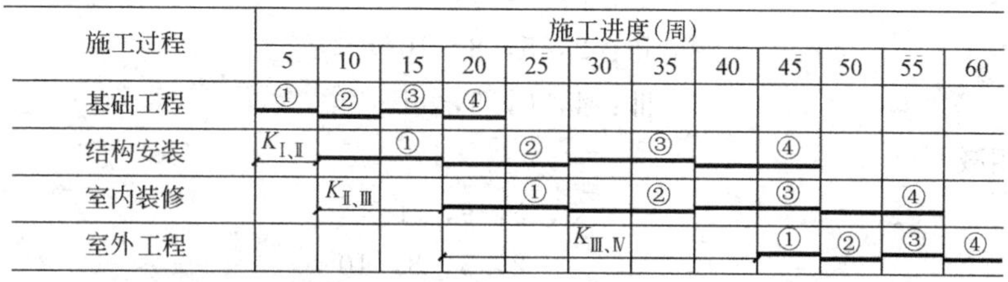

施工过程	施工进度（周）											
	5	10	15	20	25	30	35	40	45	50	55	60
基础工程	①	②	③	④								
结构安装	$K_{I,II}$		①		②		③		④			
室内装修		$K_{II,III}$		①		②		③		④		
室外工程					$K_{III,IV}$				①	②	③	④

图2-7 大板住宅的异节拍流水施工进度计划

与成倍节拍流水施工进度计划比较，该工程组织异节拍流水施工，工期延长了15周。

4.适用范围

异节拍流水施工方式适用于单位或分部工程流水施工，它允许不同施工过程采用不同的流水节拍。因此，在进度安排上比全等节拍流水施工灵活，实际应用范围较广泛。

二、无节奏流水施工

无节奏流水施工是指各施工过程的流水节拍随施工段的不同而改变，不同施工过程之间的流水节拍也有很大的差异。有些工程由于结构比较复杂，平面轮廓不规则，不易划分劳动量大致相等的施工段，无法组织全等节拍、成倍节拍或异节拍流水施工方式。在这种情况下，只能组织无节奏流水施工。无节奏流水施工本身没有规律性，只是在保持工作均匀和连续的基础上进行施工安排。无节奏流水施工方式是建设工程流水施工的普遍方式。

（一）基本特点

（1）各施工过程在各施工段的流水节拍不全等；

（2）流水步距与流水节拍之间存在某种函数关系，流水步距也多数不相等；

（3）每个专业工作队都能够连续施工，施工段可能有间歇时间；

（4）专业工作队数 n_1 等于施工过程数。

即
$$n_1 = n$$

（二）流水步距的确定

在无节奏流水施工中，通常采用累加数列错位相减取大差法计算流水步距。这种方法简捷，准确，便于掌握。计算步骤如下：

（1）根据各施工过程在各施工段上的流水节拍，求累加数列；

（2）将相邻两施工过程的累加数列，错位相减；

（3）取差数较大者作为该两个施工过程的流水步距。

【例2-6】 某项工程流水节拍如表2-2所示，试确定流水步距。

某工程流水节拍表（天）   表2-2

施工过程	施 工 段			
	①	②	③	④
Ⅰ	3	2	4	2
Ⅱ	2	3	3	2
Ⅲ	4	2	3	2

【解】 1. 求各施工过程流水节拍的累加数列

$$Ⅰ：3，5，9，11$$
$$Ⅱ：2，5，8，10$$
$$Ⅲ：4，6，9，11$$

2. 错位相减

Ⅰ与Ⅱ

$$
\begin{array}{r}
3，5，9，11\\
-)\quad 2，5，8，10\\
\hline
3，3，4，3，-10
\end{array}
$$

Ⅱ与Ⅲ

$$
\begin{array}{r}
2，5，8，10\\
-)\quad 4，6，9，11\\
\hline
2，1，2，1，-11
\end{array}
$$

3. 求流水步距

$$K_{Ⅰ,Ⅱ}=\max\{3,3,4,3,-10\}=4天$$

$$K_{Ⅱ,Ⅲ}=\max\{2,1,2,1,-11\}=2天$$

（三）施工工期

流水施工工期可按公式（2-10）计算：

$$T=\sum K_{i,i+1}+\sum t_n+\sum Z+\sum G-\sum C \qquad (2-10)$$

式中 T——流水施工工期；

$\sum t_n$——最后一个施工过程在各个施工段流水节拍之和。

其余符号如前所示。

【例 2-7】 已知某无节奏专业流水的各个施工过程在各施工段上的流水节拍如表 2-3 所示，试组织无节奏流水施工。

某工程流水节拍表（天）　　　　　　　　　表 2-3

施工过程	施工段			
	①	②	③	④
Ⅰ	3	5	5	6
Ⅱ	4	4	6	3
Ⅲ	3	5	4	4
Ⅳ	5	3	3	2

【解】 1. 计算流水步距

$$
\begin{array}{r}
3，8，13，19\\
-)\quad 4，8，14，17\\
\hline
K_{Ⅰ,Ⅱ}=\max\{3,4,5,5,-17\}=5天
\end{array}
$$

$$
\begin{array}{r}
4，8，14，17\\
-)\quad 3，8，12，16\\
\hline
K_{Ⅱ,Ⅲ}=\max\{4,5,6,5,-16\}=6天
\end{array}
$$

$$\begin{array}{r} 3,\ 8,\ 12,\ 16 \\ -)\qquad 5,\ 8,\ 11,\ 13 \\ \hline \end{array}$$

$$K_{\text{III},\text{IV}}=\max\{3,3,4,5,-13\}=5\text{天}$$

2. 计算流水施工工期

$$T=\sum K_{i,i+1}+\sum t_n=(5+6+5)+(5+3+3+2)=29\text{天}$$

3. 绘制流水施工进度计划，如图 2-8 所示。

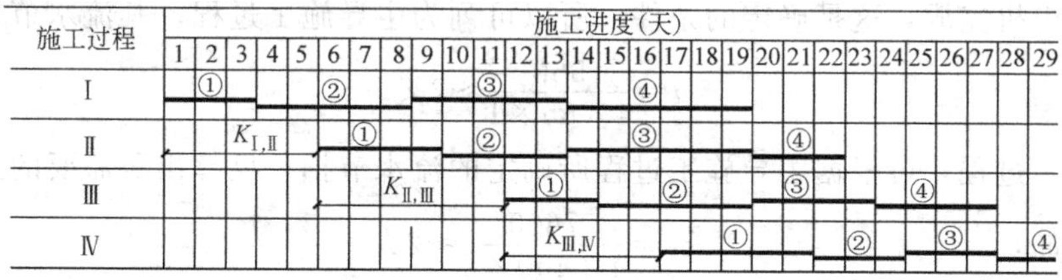

图 2-8　无节奏流水施工进度计划

（四）适用范围

无节奏流水施工适用于各种不同结构性质和规模的工程施工组织。由于它不像有节奏流水施工那样有一定的时间约束，在进度安排上比较灵活和自由。因此，是实际工程普遍采用的一种流水施工方式。

三、流水施工的应用

流水施工是一种科学的施工组织方法。编制施工进度计划时，应根据施工对象的特点，选择适当的流水施工方式组织施工，以达到均衡、连续、有节奏的施工目的。下面用两个比较常见的工程实例来阐述流水施工的应用。

【实例 1】 某六层单元混合结构住宅的基础工程。

施工过程分为：

1. 土方开挖，采用一台挖土机；

2. 铺设垫层；

3. 绑扎钢筋；

4. 浇捣混凝土；

5. 砌筑砖基础；

6. 回填土，也采用一台挖土机。

各施工过程的工程量及每一日（或台班）产量定额如表 2-4 所示。

分析表 2-4 所给的条件，可以看出铺设垫层施工过程的工程量较少；回填土也采用挖土机，与挖土相比，数量少得多。因此，为简化计算，可将垫层和回填土这两个施工过程所需要的时间作为组织间歇时间来处理，各自预留一天时间，总的组织间歇为 $\sum G=2$ 天。

施工过程工程量及产量定额　　　　　　　　　　　表 2-4

施工过程		工程量	单位	产量定额	人数（台班）	流水节拍（天）
	挖土	560	m³	65	1 台	2
▲	垫层	32	m³			
	扎钢筋	7600	kg	450	2	2
	浇混凝土	150	m³	1.5	12	2
	砌砖基础	220	m³	1.25	22	2
▲	回填土	300	m³	65	1 台	

另外，浇捣混凝土和砌基础墙之间的技术间歇也留 2 天，即 $\sum Z=2$ 天。从而该基础工程的施工过程数可按 $n=4$ 进行计算。

显然，这个基础工程能组织成全等节拍流水施工。但是在施工段的划分上，应使各施工过程的劳动量在各段上基本相等。首先，根据建筑物的特征，可按房屋单元分界，划分四个施工段即 $m=4$。接着，找出其中的主导施工过程，一般应取工程量大的，施工组织条件（即配备的劳动力或机械设备）已经确定的施工过程作为主导施工过程。本例土方开挖由一台挖土机完成，这是确定的条件，所以可列为主导施工过程。其流水节拍为：

$$t=\frac{560}{4\times65\times1}\approx2\text{天}$$

其余施工过程，可根据主导施工过程所确定的流水节拍，反算出所需要的人数。

绑扎钢筋：
$$R_2=\frac{7600}{4\times450\times2}\approx2\text{人}$$

浇混凝土：
$$R_3=\frac{150}{4\times1.5\times2}\approx12\text{人}$$

砌砖基础：
$$R_4=\frac{220}{4\times1.25\times2}=22\text{人}$$

根据计算所求的施工人数，应复核施工段的工作面是否够，不够应重新考虑。

该基础工程的流水施工工期为：

$$T=(4+4-1)\times2+2+2=18\text{天}$$

绘制流水进度计划，如图 2-9 所示。

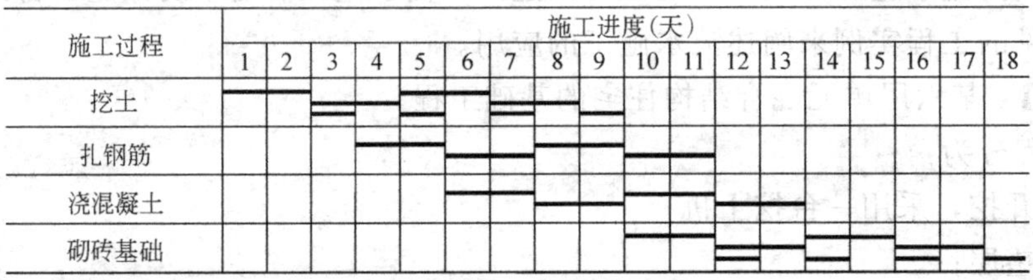

图 2-9　某六层单元混合结构的基础工程流水施工进度计划

某框架主体结构劳动量一览表　　　　　　表 2-5

结构部分	分项名称		每层每个温度区段的劳动量（工日）		
			一层	二层	三层
框架	支模板	柱	28	26	26
		梁	56	56	58
		板	22	22	21
	绑扎钢筋	柱	26	26	24
		梁	28	28	29
		板	26	26	27
	浇混凝土	柱	68	63	63
		梁板	122	122	122
楼梯	支模板		6	6	—
	扎钢筋		3	3	—
	浇混凝土		15	15	—

【实例2】 某三层现浇钢筋混凝土框架结构，划分为三个温度区段，施工工期为65天，其主体结构劳动量如表2-5所示。

具体组织施工方法如下：

1. 划分施工过程

本工程框架结构采用以下施工顺序：绑扎柱钢筋、支主梁模板、支次梁模板、支板模板、支柱模板、绑扎梁钢筋、绑扎板钢筋、浇筑柱混凝土、浇筑梁和板混凝土。

根据施工顺序和劳动组织，划分以下四个施工过程：绑扎柱钢筋、支模板、绑扎梁板钢筋和浇筑混凝土。各施工过程中均包括楼梯间部分。

2. 划分施工段

考虑结构的整体性，利用温度缝作为分界线，每层划分为三个施工段，此时 $m < n$，工作队会出现窝工现象。所以，本例将主导施工过程连续施工，其余工作队与其他的工地统一考虑调度安排。由于各施工过程在每层劳动量相差幅度均小于15%，故用异节拍（有间断）流水法组织施工。该工程各施工过程中，支模板比较复杂，且劳动量较大，所以支模板为主导施工过程。

3. 确定流水节拍和各工作队人数

（1）支模板每段最大的劳动量：28＋56＋22＋6＝112工日，工作队人数20人，采用一班制，其流水节拍为：

$$t_{支模} = \frac{112}{20 \times 1} = 5.6 \approx 6 \text{ 天}$$

（2）绑扎柱钢筋每段最大的劳动量为26工日，工作队人数为10人，采用一班制，其流水节拍为：

$$t_{柱筋} = \frac{26}{10 \times 1} = 2.6 \approx 3 \text{ 天}$$

（3）绑扎梁板钢筋每段最大的劳动量为28＋26＋3＝57工日，工作队人数10人，采用一班制，其流水节拍为：

$$t_{梁板筋} = \frac{57}{10 \times 1} \approx 6 \text{ 天}$$

（4）浇筑混凝土每段最大的劳动量：68＋122＋15＝205工日，工作队人数50人，采用2班制，其流水节拍为：

$$t_{混凝土} = \frac{250}{2 \times 50} \approx 2 \text{ 天}$$

4. 确定施工工期

由于本例采用间断式流水施工，故无法用公式（2-9）计算工期，须采用分析计算法。本例使绑扎梁板钢筋与支模板搭接施工2天，混凝土养护间歇时间3天。

$$T = (\sum t - C) \times 3 + Z \times 2 + t_{梁板筋} \times 2 = [(3+6+6+2)-2] \times 3 + 3 \times 2 + 6 \times 2 = 63 \text{天}$$

5. 绘制流水施工进度计划，如图2-10所示。

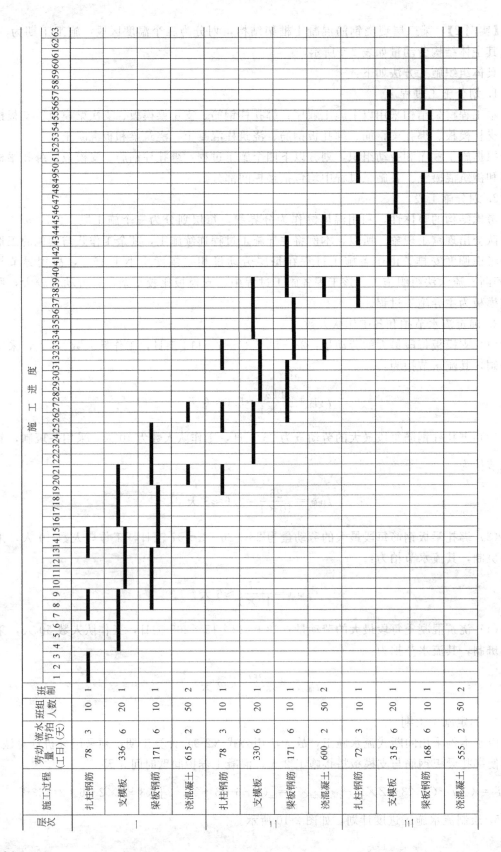

图 2-10 某三层框架主体结构流水施工进度计划

第三节　网络计划的方法

随着建筑业的发展，为了使施工组织做到有条不紊并具有较好的经济效益，一种有效的施工组织方法就是采用网络计划技术。这种方法是采用系统工程的原理，运用网络表达的形式，来设计和表达一项计划中各个工作的先后顺序和逻辑关系，通过计算找到关键线路和关键工作，然后不断优化网络计划，选择最佳方案付诸实施。

20 世纪 80 年代以来，随着计算机在我国建筑业的推广和应用，网络计划及其电算技术得到了进一步的发展。如今，网络计划已发展成为现代施工组织的重要手段。

一、网络计划的概念

网络计划技术的基本原理是：首先应用网络图形来表示一项计划（或工程）中各项工作的开展顺序及其相互之间的关系，然后通过对网络图进行时间参数的计算，找出计划中的关键工作和关键路线。通过不断改进网络计划，寻求最佳方案，以求在计划执行过程中对计划进行有效的控制和监督。

在建筑施工中，这种方法主要用于进行规划、计划和实施控制，以达到缩短工期、提高工效、降低造价和提高生产管理水平的目的。

（一）横道计划与网络计划的特点分析

横道计划以横向线条结合时间坐标来表示各施工过程的施工起讫时间和先后顺序，整个计划由一系列的横道组成。而网络计划是由一系列箭线和节点所组成的网络图形来表示各施工过程先后顺序的逻辑关系。例如：有一项分三段施工的钢筋混凝土工程，用两种不同的计划方法表达出来，内容虽完全一样，但形式却各不相同，如图 2-11、图 2-12 和图 2-13。

施工过程	施工进度(天)										
	1	2	3	4	5	6	7	8	9	10	11
支模板											
扎钢筋											
浇混凝土											

图 2-11　某钢筋混凝土工程施工进度横道计划

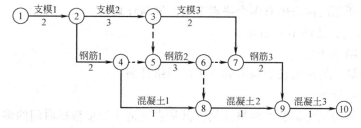

图 2-12　某钢筋混凝土工程施工进度双代号网络计划

网络计划与横道计划相比，具有以下优点：

（1）能明确表达一项计划中各项工作开展的先后顺序及相互之间的关系；

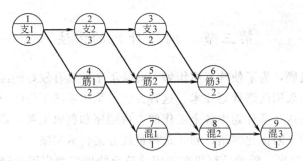

图 2-13　某钢筋混凝土工程施工进度单代号网络计划

（2）能进行各种时间参数的计算；

（3）能在错综复杂的计划中找出决定工程进度的关键工作，便于计划管理者集中力量抓主要矛盾，确保工期，避免盲目施工；

（4）利用网络计划中反映出的各项工作的机动时间，可以更好地调配人力、物力，以达到降低成本的目的；

（5）可以利用计算机对复杂的网络计划进行调整与优化，实现计划的科学管理。

网络计划技术的缺点是从图上很难清晰地看出流水作业的情况，也难以根据一般的网络图算出人力及资源需要量的变化情况。

（二）网络计划的分类

1. 按绘图符号的不同划分

（1）双代号网络计划

即用双代号网络图表示的网络计划。双代号网络图是以箭线及其两端节点的编号表示工作的网络图。

（2）单代号网络计划

即用单代号网络图表示的网络计划。单代号网络图是以节点及其编号表示工作，以箭线表示工作之间逻辑关系的网络计划。

2. 按目标的多少划分

（1）单目标网络计划

即网络计划所用的网络图只有一个终点节点的网络计划。

（2）多目标网络计划

即网络计划所用的网络图有多个终点节点的网络计划。

3. 按时间表达方法的不同划分

（1）无时标网络计划

即无时间坐标，箭线的长短与时间无关的网络计划。

（2）时标网络计划

即以时间坐标为尺度编制的网络计划。其特点是箭线长度根据时间的多少绘制。

4. 按应用对象（范围）不同划分

（1）局部网络计划

指以一个建筑物或建筑物中的一部分为对象编制的网络计划。如以某单位工程中的一个分部工程为对象（如主体工程）编制的施工网络计划。

（2）单位工程网络计划

指以一个单位工程为对象编制的网络计划。如一幢办公楼或住宅楼的施工网络计划。

（3）综合网络计划

指以一个建设项目为对象编制的网络计划。如一个工业企业或居民住宅楼群等大中型项目的施工网络计划。

二、双代号网络计划

（一）双代号网络图的组成

双代号网络图由箭线、节点、线路三个基本要素组成。

1. 箭线

在双代号网络图中，一条箭线与其两端的节点表示一项工作，工作是指计划任务按需要粗细程度划分而成的一个消耗时间或也消耗资源的子项目或子任务，如图 2-14 所示。

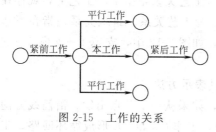

图 2-14　工作表示方法

（1）工作的名称或内容写在箭线的上面，工作的持续时间写在箭线的下面；

（2）箭头方向表示工作进行的方向（从左向右），箭尾 i 表示工作的开始，箭头 j 表示工作的结束；

（3）在无时标网络图中，箭线的长短与时间无关，可以任意画。

工作通常可以分为三种：需要消耗时间和资源；只消耗时间而不消耗资源（如混凝土养护）；既不消耗时间，也不消耗资源。前两种是实际存在的工作，称为"实工作"，后一种是人为虚设的工作，只表示相邻两项工作之间的逻辑关系，通常称其为"虚工作"，如图 2-12 中的虚工作③→⑤表示支模 2 和钢筋 2 之间的先后顺序关系，本身无实际工作内容。

与某工作有关的其他工作，可以根据他们之间的相互关系，分为紧前工作、紧后工作和平行工作，如图 2-15 所示。

2. 节点

（1）节点在双代号网络图中表示一项工作的开始或结束，用圆圈表示；

（2）节点只是一个"瞬间"，它即不消耗时间也不消耗资源；

（3）所有节点圆圈中均应编上正整数号码，一般应满足箭尾节点号码小于箭头节点号码；

（4）网络图中第一个节点叫起点节点，它意味着一项工程或任务的开始；最后一个节点叫终点节点，它意味着一项工程或任务的完成，网络图中的其他节点称为中间节点。

3. 线路

网络图中从起点节点开始，沿箭头方向顺序通过一系列箭线与节点，最后到达终点节点的通路称为线路。在一个网络图中可能有很多条线路，线路上所有工作的持续时间之和称为该线路的总持续时间。图 2-12 的各条线路及其总持续时间如下：

第一条线路，持续时间 10 天。

①—支模1/2—②—支模2—③—支模3/2—⑦—钢筋3/2—⑨—混凝土3/1—⑩

第二条线路，持续时间 11 天。

①—支模1/2—②—支模2/3—③- - -0- - -⑤—钢筋2/3—⑥- - - -⑦—钢筋3—⑨—混凝土3—⑩

第三条线路，持续时间 10 天。

①—支模1/2—②—支模2/3—③- - -0- - -⑤—钢筋2—⑥- - -0- - -⑧—混凝土2/1—⑨—混凝土3/1—⑩

第四条线路，持续时间 10 天。

①—支模1/2—②—钢筋1—④- - -0- - -⑤—钢筋2/3—⑥- - -0- - -⑦—钢筋3—⑨—混凝土3—⑩

第五条线路，持续时间 9 天。

①—支模1/2—②—钢筋1/2—④- - -0- - -⑤—钢筋2—⑥- - -0- - -⑧—混凝土2/1—⑨—混凝土3/1—⑩

第六条线路，持续时间 7 天。

①—支模1/2—②—钢筋1/2—④—混凝土1—⑧—混凝土2—⑨—混凝土3—⑩

由上述分析可知，第二条线路的持续时间最长，称为关键线路。关键线路的长度就是网络计划的总工期。

在网络计划中，关键线路可能不止一条，而且在网络计划执行过程中，关键线路可能发生转移。

关键线路上的工作称为关键工作。关键工作完成的快慢，均会对总工期产生影响。

（二）双代号网络图绘制的基本原理

1. 绘制规则

在绘制双代号网络图时，一般应遵循以下基本规则：

（1）网络图必须正确表达已定的逻辑关系。网络图中的逻辑关系是指工作之间相互制约或依赖的关系。逻辑关系包括工艺关系和组织关系。工艺关系是指生产工艺上客观存在的先后顺序，如图 2-12 中，支模 1→钢筋 1→混凝土 1 为工艺关系。组织关系是指在不违反工艺关系的前提下，人为安排的工作先后顺序关系，如图 2-12 中，支模 1→支模 2→支模 3 为组织关系。

表 2-6 所列的是网络图中常见的一些逻辑关系及其表示方法。

（2）在网络图中，严禁出现循环回路。网络图中，如果从一个节点出发，沿箭线方向再返回到原来的节点，就称为循环回路。在图 2-16 中，工作 C、D、E 形成循环回路，工作 C 在 D 前，D 在 E 前，E 又在 C 前，这样循环进行的工作，在逻辑关系上是错误的，在时间计算上是不可能的。当然，此时节点编号也发生错误。

（3）在网络图中，节点之间严禁出现带双向箭头或无箭头的连线，如图 2-17 所示即为错误的工作箭线画法。

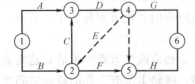

图 2-16 存在循环回路错误网络图

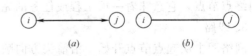

图 2-17 错误的工作箭线画法
（a）双向箭头；（b）无箭头

双代号网络图中常见的一些逻辑关系及其表示方法 表2-6

序　号	工作之间的逻辑关系	网络图中表示方法
1	A 完成后进行 B 和 C	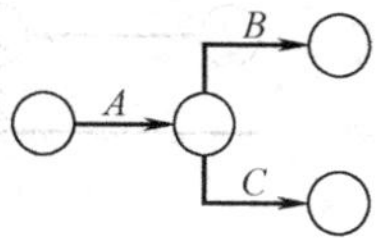
2	A、B 均完成后进行 C	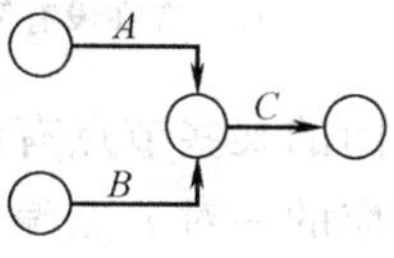
3	A、B 均完成后进行 C 和 D	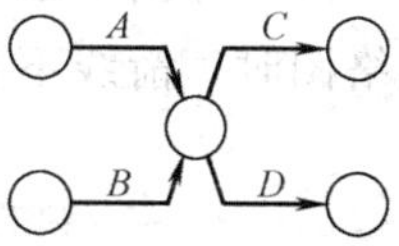
4	A 完成后进行 C； A、B 均完成后进行 D	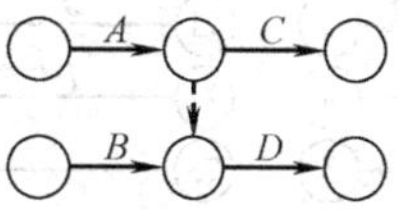
5	A、B 均完成后进行 D； C、B 均完成后进行 E	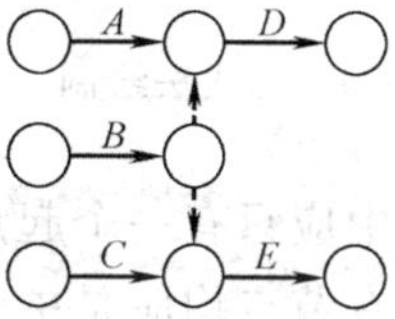
6	A 完成后进行 C； A、B 均完成后进行 D； B 完成后进行 E	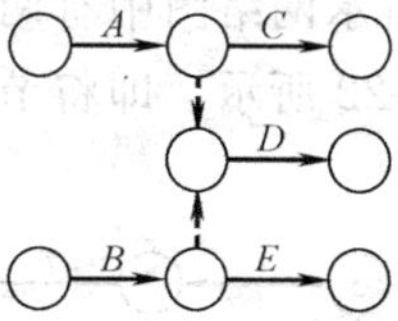
7	A、B、C 均完成后进行 D； C、B 均完成后进行 E	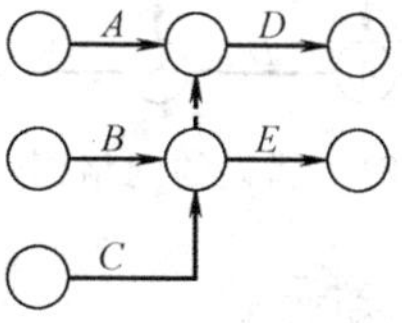
8	A、B 两项工作分成三个施工段，分段流水施工	有两种表示方法 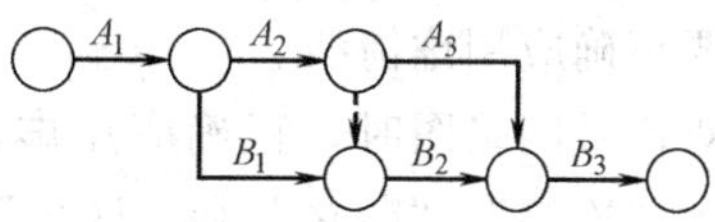 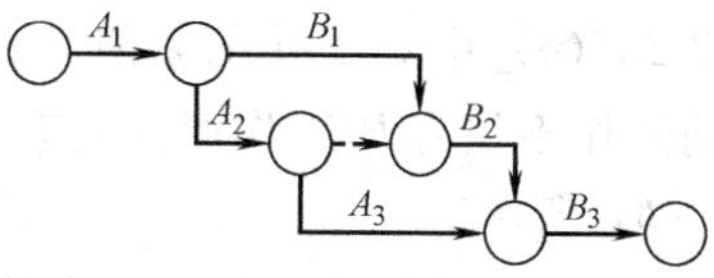

29

（4）网络图中，在节点之间严禁出现无箭头节点或箭尾节点的箭线，如图 2-18 所示即为错误的工作箭线画法。

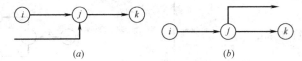

图 2-18　错误的划法

（a）存在没有箭尾节点的箭线；（b）存在没有箭头节点的箭线

（5）当网络图的某些节点有多条外向箭线或多条内向箭线时，在保证一项工作有惟一的一条箭线和相应的一对节点编号前提下，允许使用母线法绘制。当箭线线形不同时，可在母线上引出的支线上标出，如图 2-19 所示。

（6）绘制网络图时，箭线不宜交叉，当交叉不可避免时，可用过桥法或指向法，如图 2-20 所示。

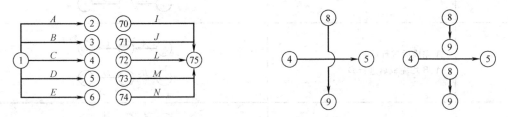

图 2-19　母线法绘制　　　　　　图 2-20　交叉箭线的表示方法

（7）网络图中应只有一个起点节点，在不分期完成任务的网络图中，应只有一个终点节点，而其他所有节点均应是中间节点。

如图 2-21 所示网络图中有两个起点节点①和②，两个终点节点⑦和⑧，该网络图的正确画法如图 2-22 所示。即将节点①和②合并为一个起点节点；将节点⑦和⑧，合并为一个终点节点。

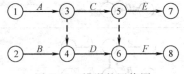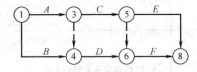

图 2-21　错误的网络图　　　　　　图 2-22　正确的网络图

2. 绘图方法和要求

（1）严格按上述 7 条绘图规则绘图。

（2）要正确应用虚箭线。

绘制双代号网络图时，正确应用虚箭线可以使网络计划中的逻辑关系更加明确、清楚，它起到"连接"、"断路"和"区分"的作用。

如图 2-23（a）中 C 工作的紧前工作是 A 工作，D 工作的紧前工作是 B 工作。若 D 工作的紧前工作不仅有 B 工作而且还有 A 工作，那么 A、D 两项工作就要用虚箭线连接，如图 2-23（b）所示。

如图 2-24（a）所示的 A、B 工作的紧后工作是 C、D 工作，如果 A 不是 D 的紧前工作，那么就要增加虚箭线切断 A 工作与 D 工作的联系，此时要增加节点如图 2-24（b）所示。

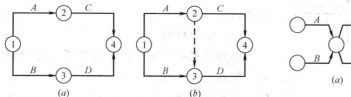

图 2-23　虚箭线的应用之一

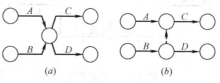

图 2-24　虚箭线的应用之二

又如图 2-25（a）中用虚箭线将节点①到节点④的三项工作从开始节点区分开来；图 2-25（b）中用虚箭线将节点①到节点④的三项工作从结束节点区分开来，以避免同时开始或同时结束的工作出现相同编号的情况。

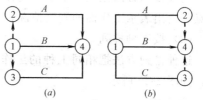

图 2-25　虚箭线的应用之三

（3）条理清楚，布局合理

网络计划是用来指导实际工作的，所以网络图除了要符合逻辑外，图面还必须清晰，要进行周密合理的布置。

在正式绘制网络图之前，最好先绘制草图，然后再加以整理。图 2-26（a）所示的网络图显得十分零乱，经整理，逻辑关系不变，绘制成图 2-26（b）就显得条理清楚，布局也比较合理了。

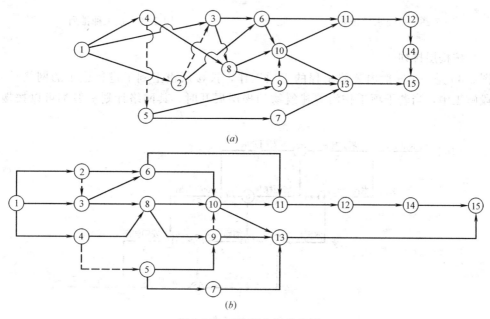

图 2-26　网络图布置示意图

（a）草图；（b）正式图

3. 工程施工网络计划的排列方法

为了使网络计划更条理化和形象化，在绘图时应根据不同的工程情况，不同的施工组

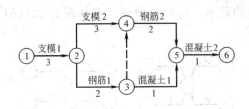

图 2-27 混合排列

织方法及使用要求等，灵活选用排列方法，以便简化层次，使各工作之间在工艺上及组织上的逻辑关系准确而清晰。

（1）混合排列

这种排列的方法可以使图形看起来对称美观，但在同一个水平方向既有不同工种的工作，也有不同施工段中的作业。一般用于绘制较简单的网络计划，如图 2-27 所示。

（2）按流水段排列

这种排列方法把同一施工段的作业排在同一条水平线上，能够反映出工程分段施工的特点，突出表示工作面的利用情况，如图 2-28 所示。

（3）按工种排列

这种排列方法把相同工种的工作排在同一条水平线上，能够突出不同工种的工作情况，如图 2-29 所示。

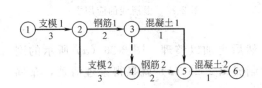

图 2-28　按流水段排列

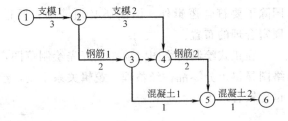

图 2-29　按工种排列

（4）按楼层排列

图 2-30 是一个一般内装修工程的三项工作，按楼层由上到下进行施工的网络计划。在分段施工中，当若干项工作沿着建筑物的楼层展开时，其网络计划一般都可以按楼层排列。

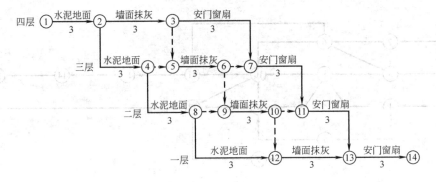

图 2-30　按楼层排列

网络计划的排列方法还有许多种，实际工作中可以按需要灵活选用一种排列方法，或把几种方法结合起来使用。

4.绘图示例

【例 2-8】 某工程各工作的逻辑关系见表 2-7，试绘制双代号网络图。

各工作的逻辑关系 表 2-7

工 作	A	B	C	D	E	F	G	H	I	J	K
紧前工作	—	A	A	A	B	C	D	CB	H	DFH	IJ

【解】 1. 从起点节点连工作 A，A 为第一项工作。

2. 自 A 连出 B、C、D 三项并行工作（三项或三项以上平行工作的排列，要注意使后续工作避免发生交叉）。

3. 自 B、C、D 分别连出 E、F、G。

4. 自 B、C 连出 H，需要使用虚箭线，自 H 连出 I。

5. 自 D、F、H 连出 J，需要使用虚箭线。

6. 自 I、J 连出 K。

7. 将 E、K、G 三项工作汇集到一个结束节点上。

8. 最后进行节点编号。

绘制的网络图如图 2-31 所示。

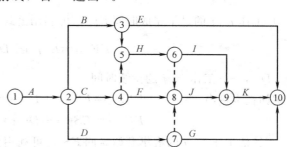

图 2-31 某工程双代号网络计划图

（三）双代号网络计划时间参数的计算

网络计划时间参数计算的目的在于确定网络计划上各项工作和节点的时间参数，为网络计划的执行、调整和优化提供必要的时间参数依据。双代号网络计划的时间参数既可以按工作计算法，也可以按节点计算法。

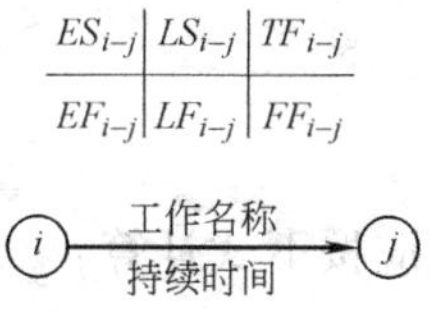

1. 按工作计算法

所谓按工作计算，就是以网络计划中的工作为对象，直接计算各项工作的时间参数。这些参数包括：工作的最早开始时间和最早完成时间、工作的最迟开始时间和最迟完成时间、工作的总时差和自由时差。此外，还应计算网络计划的计算工期。虚工作必须视同工作进行计算，其持续时间为零。按工作计算法的标注方法如图 2-32 所示。

$$\begin{array}{c|c|c} ES_{i-j} & LS_{i-j} & TF_{i-j} \\ \hline EF_{i-j} & LF_{i-j} & FF_{i-j} \end{array}$$

图 2-32 按工作计算法的标准方式

下面以图 2-33 所示双代号网络计划为例，进行网络计划时间参数的计算，计算结果如图 2-34 所示。

（1）工作最早开始时间和最早完成时间的计算

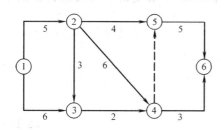

图 2-33 双代号网络计划图

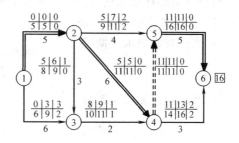

图 2-34 按工作计算法示例

33

工作最早开始时间指各紧前工作全部完成后，本工作有可能开始的最早时刻。工作最早完成时间指各紧前工作全部完成后，本工作有可能完成的最早时刻。其计算应符合下列规定：

1）工作 $i-j$ 的最早开始时间 ES_{i-j} 和最早完成时间 EF_{i-j} 应从网络计划的起点节点开始，顺着箭线方向依次逐项计算；

2）以起点节点 i 为箭尾节点的工作 $i-j$，当未规定其最早开始时间 ES_{i-j} 时其值应等于零，即

$$ES_{i-j}=0 \quad (i=1) \tag{2-11}$$

所以在本例中
$$ES_{1-2}=ES_{1-3}=0$$

3）工作 $i-j$ 的最早完成时间 EF_{i-j} 可利用公式（2-12）进行计算：

$$EF_{i-j}=ES_{i-j}+D_{i-j} \tag{2-12}$$

式中 D_{i-j}——工作 $i-j$ 的持续时间

例如在本例中
$$EF_{1-2}=ES_{1-2}+D_{1-2}=0+5=5$$
$$EF_{1-3}=ES_{1-3}+D_{1-3}=0+6=6$$

4）其他工作 $i-j$ 的最早开始时间 ES_{i-j} 可利用公式（2-13）进行计算：

$$ES_{i-j}=\max\{EF_{h-i}\}=\max\{ES_{h-i}+D_{h-i}\} \tag{2-13}$$

式中 EF_{h-i}——工作 $i-j$ 的紧前工作 $h-i$ 的最早完成时间；

ES_{h-i}——工作 $i-j$ 的紧前工作 $h-i$ 的最早开始时间；

D_{h-i}——工作 $i-j$ 的紧前工作 $h-i$ 的持续时间。

例如在本例中
$$ES_{2-3}=ES_{2-4}=ES_{2-5}=EF_{1-2}=5$$
$$ES_{3-4}=\max\{EF_{1-3},EF_{2-3}\}=\max\{6,8\}=8$$

5）网络计划的计算工期 T_c 指根据时间参数计算得到的工期，它应按下式计算：

$$T_c=\max\{EF_{i-n}\} \tag{2-14}$$

式中 EF_{i-n}——以终点节点为箭头节点工作的最早完成时间。

在本例中，网络计划的计算工期为：

$$T_c=\max\{EF_{4-6},EF_{5-6}\}=\max\{14,16\}=16$$

（2）网络计划的计划工期的计算

网络计划的计划工期 T_p 指按要求工期 T_r 和计算工期 T_c 确定的作为实施目标的工期，其计算应按下述规定：

1）当已规定要求工期时

$$T_p \leqslant T_r \tag{2-15}$$

2）当未规定要求工期时

$$T_p=T_c \tag{2-16}$$

由于本例未规定要求工期，故其计划工期取其计算工期，即

$$T_p = T_c = 16$$

此工期标注在终点节点⑥之右侧，并用方框框起来。

（3）工作最迟完成时间和最迟开始时间的计算

工作最迟完成时间指在不影响整个任务按期完成的前提下，本工作必须完成的最迟时刻。工作最迟开始时间指在不影响整个任务按期完成的前提下，本工作必须开始的最迟时刻。其计算应符合下列规定：

1）工作 $i-j$ 的最迟完成时间 LF_{i-j} 和最迟开始时间 LS_{i-j} 应从网络计划的终点节点开始，逆着箭线方向依次逐项计算；

2）以终点节点（$j=n$）为箭头节点的工作的最迟完成时间 LF_{i-j}，应按网络计划的计划工期 T_p 确定，即

$$LF_{i-n} = T_p \tag{2-17}$$

例如在本例中 $\qquad LF_{4-6} = LF_{5-6} = 16$

3）工作的最迟开始时间可利用公式（2-18）进行计算：

$$LS_{i-j} = LF_{i-j} - D_{i-j} \tag{2-18}$$

例如在本例中 $\qquad LS_{4-6} = LF_{4-6} - D_{4-6} = 16 - 3 = 13$

$$LS_{5-6} = LF_{5-6} - D_{5-6} = 16 - 5 = 11$$

4）其他工作 $i-j$ 的最迟完成时间可利用公式（2-19）进行计算

$$LF_{i-j} = \min\{LS_{j-k}\} = \min\{LF_{j-k} - D_{j-k}\} \tag{2-19}$$

式中　LS_{j-k}——工作 $i-j$ 的紧后工作 $j-k$ 的最迟开始时间；

$\qquad LF_{j-k}$——工作 $i-j$ 的紧后工作 $j-k$ 的最迟完成时间；

$\qquad D_{j-k}$——工作 $i-j$ 的紧后工作 $j-k$ 的持续时间。

例如在本例中 $\qquad LF_{2-5} = LF_{4-5} = LS_{5-6} = 11$

$$LF_{2-4} = LF_{3-4} = \min\{LS_{4-5}, LS_{4-6}\} = \min\{11, 13\} = 11$$

（4）工作总时差的计算

工作总时差是指在不影响总工期的前提下，本工作可以利用的机动时间。工作 $i-j$ 的总时差 TF_{i-j} 按下式计算：

$$TF_{i-j} = LS_{i-j} - ES_{i-j} \tag{2-20}$$

或 $\qquad TF_{i-j} = LF_{i-j} - EF_{i-j} \tag{2-21}$

例如在本例中 $\qquad TF_{1-3} = LS_{1-3} - ES_{1-3} = 3 - 0 = 3$

或 $\qquad TF_{1-3} = LF_{1-3} - EF_{1-3} = 9 - 6 = 3$

（5）工作自由时差的计算

工作自由时差是指在不影响其紧后工作最早开始时间的前提下，本工作可以利用的机动时间，工作 $i-j$ 的自由时差 FF_{i-j} 的计算应符合下列规定：

1）当工作 $i-j$ 有紧后工作 $j-k$ 时，其自由时差应为：

$$FF_{i-j} = ES_{j-k} - EF_{i-j} = ES_{j-k} - ES_{i-j} - D_{i-j} \tag{2-22}$$

例如在本例中 $\qquad FF_{1-3}=ES_{3-4}-EF_{1-3}=8-6=2$

2）以终点节点（$j=n$）为箭头节点的工作，其自由时差应按网络计划的计划工期 T_p 确定，即

$$FF_{i-n}=T_p-EF_{i-n}=T_p-ES_{i-n}-D_{i-n} \qquad (2\text{-}23)$$

例如在本例中 $\qquad FF_{4-6}=T_p-EF_{4-6}=16-14=2$

$$FF_{5-6}=T_p-EF_{5-6}=16-16=0$$

需要说明的是，在网络计划中以终点节点为箭头节点的工作，其自由时差与总时差一定相等。此外，当工作的总时差为零时，其自由时差一定为零，可不必进行专门计算。

（6）关键工作和关键线路的确定

在网络计划中，总时差最小的工作为关键工作。当无规定工期时，$T_c=T_p$，最小总时差为零；当 $T_c>T_p$ 时。最小总时差为负数；当 $T_c<T_p$ 时，最小总时差为正数。

例如在本例中，$T_c=T_p$，工作 $1-2$、工作 $2-4$、工作 $5-6$ 的总时差均为零，故它们都是关键工作。

自始至终全部由关键工作组成的线路为关键线路。一般用粗线、双线或彩线标注。在关键线路上可能有虚工作存在。例如在本例中，线路①→②→④→⑤→⑥即为关键线路。

2. 按节点计算法

所谓按节点计算法，就是先计算网络计划中各个节点的最早时间和最迟时间，然后再据此计算各项工作的时间参数和网络计划的计算工期。按节点计算法的标注方式如图2-35所示。

下面以图 2-33 所示双代号网络计划为例，进行时间参数计算，计算结果如图 2-36所示。

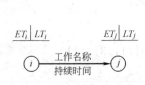

图 2-35　按节点计算法的标注方式　　　　图 2-36　按节点计算法示例

（1）节点最早时间的计算

节点最早时间是指双代号网络计划中，以该节点为开始节点的各项工作最早开始时间。其计算应符合下列规定：

1）节点 i 的最早时间 ET_i 应从网络计划的起点节点开始，顺着箭线的方向依次逐项计算；

2）起点节点 i 如未规定最早时间 ET_i 时，其值应等于零；即：

$$ET_i=0 \quad (i=1) \qquad (2\text{-}24)$$

例如在本例中 $$ET_1 = 0$$

3）其他节点的最早时间应按公式（2-25）进行计算：

$$ET_j = \max\{ET_i + D_{i-j}\} \tag{2-25}$$

式中　ET_j——工作 $i-j$ 的完成节点 j 的最早时间；

ET_i——工作 $i-j$ 的开始节点 i 的最早时间；

D_{i-j}——工作 $i-j$ 的持续时间。

例如在本例中 $$ET_2 = ET_1 + D_{1-2} = 0 + 5 = 5$$

$$ET_3 = \max\{ET_1 + D_{1-3}, ET_2 + D_{2-3}\} = \max\{0+6, 5+3\} = 8$$

4）网络计划的计算工期 T_c 应按下式计算：

$$T_c = ET_n \tag{2-26}$$

式中　ET_n——终点节点 n 的最早时间。

例如在本例中 $$T_c = ET_6 = 16$$

（2）网络计划的计划工期确定

网络计划的计划工期 T_p 的确定与工作计算法相同。所以，本例的计划工期为：

$$T_p = T_c = 16$$

（3）节点最迟时间的计算

节点最迟时间是指双代号网络计划中，以该节点为完成节点的各项工作的最迟完成时间。其计算应符合下列规定：

1）节点 i 的最迟时间 LT_i 应从网络计划的终点节点开始，逆着箭线方向依次逐项计算；

2）终点节点 n 的最迟时间 LT_n 应按网络计划的计划工期 T_p 确定，即

$$LT_n = T_p \tag{2-27}$$

例如本例中 $$LT_6 = T_p = 16$$

3）其他节点的最迟时间应按公式（2-28）进行计算：

$$LT_i = \min\{LT_j - D_{i-j}\} \tag{2-28}$$

式中　LT_i——工作 $i-j$ 的开始节点 i 的最迟时间；

LT_j——工作 $i-j$ 的完成节点 j 的最迟时间；

D_{i-j}——工作 $i-j$ 的持续时间。

例如在本例中 $$LT_5 = LT_6 - D_{5-6} = 16 - 5 = 11$$

$$LT_4 = \min\{LT_5 - D_{4-5}, LT_6 - D_{4-6}\} = \min\{11-0, 16-3\} = 11$$

（4）工作时间参数的计算

1）工作最早开始时间按下式计算：

$$ES_{i-j} = ET_i \tag{2-29}$$

例如本例中 $$ES_{1-2} = ET_1 = 0$$

$$ES_{2-5}=ET_2=5$$

2）工作最早完成时间按下式计算：

$$EF_{i-j}=ET_i+D_{i-j} \tag{2-30}$$

例如本例中
$$EF_{1-2}=ET_1+D_{1-2}=0+5=5$$
$$EF_{2-5}=ET_2+D_{2-5}=5+4=9$$

3）工作最迟完成时间按下式计算：

$$LF_{i-j}=LT_j \tag{2-31}$$

例如本例中
$$LF_{1-2}=LT_2=5$$
$$LF_{2-5}=LT_5=11$$

4）工作最迟开始时间按下式计算：

$$LS_{i-j}=LT_j-D_{i-j} \tag{2-32}$$

例如本例中
$$LS_{1-2}=LT_2-D_{1-2}=5-5=0$$
$$LS_{2-5}=LT_5-D_{2-5}=11-4=7$$

5）工作总时差按下式计算：

$$TF_{i-j}=LF_{i-j}-EF_{i-j}=LT_j-(ET_i+D_{i-j})=LT_j-ET_i-D_{i-j} \tag{2-33}$$

例如本例中
$$TF_{1-3}=LT_3-ET_1-D_{1-3}=9-0-6=3$$
$$TF_{3-4}=LT_4-ET_3-D_{3-4}=11-8-2=1$$

6）工作自由时差按下式计算：

$$FF_{i-j}=ES_{j-k}-ES_{i-j}-D_{i-j}=ET_j-ET_i-D_{i-j} \tag{2-34}$$

例如本例中
$$FF_{1-3}=ET_3-ET_1-D_{1-3}=8-0-6=2$$
$$FF_{3-4}=ET_4-ET_3-D_{3-4}=11-8-2=1$$

（5）关键工作和关键线路的确定

在双代号网络计划中，关键线路上的节点称为关键节点。关键工作两端的节点必为关键节点，但两端为关键节点的工作不一定是关键工作。关键节点的最迟时间与最早时间的差值最小。特别地，当网络计划的计划工期等于计算工期时，关键节点的最早时间与最迟时间必然相等。例如在本例中，节点①、②、④、⑤、⑥就是关键节点。关键节点必然处在关键线路上，但由关键节点组成的线路不一定是关键线路。例如在本例中节点①、②、⑤、⑥组成的线路就不是关键线路。

当利用关键节点判别关键线路和关键工作时，还要满足下列判别式：

$$ET_i+D_{i-j}=ET_j \tag{2-35}$$

或
$$LT_i+D_{i-j}=LT_j \tag{2-36}$$

如果两个关键节点之间的工作符合上述判别式，则该工作必然为关键工作，它应该在关键线路上。否则，该工作就不是关键工作，关键线路也就不会从此处通过。例如在本例中，工作1—2、工作2—4、虚工作4—5和工作5—6均符合上述判别式，故线路①→②

$\rightarrow$④$\rightarrow$⑤$\rightarrow$⑥为关键线路。

需要说明的是,以关键节点为完成节点的工作,其总时差和自由时差必然相等。例如在图 2-36 所示网络计划中,工作 2—5 的总时差和自由时差均为 2;工作 3—4 的总时差和自由时差均为 1;工作 4—6 的总时差和自由时差均为 2。

3. 标号法

标号法是一种快速寻求网络计划计算工期和关键线路的方法。它利用节点计算法的基本原理,对网络计划中的每一个节点进行标号,然后利用标号值确定网络计划的计算工期和关键线路。

下面以图 2-33 所示双代号网络计划为例,说明标号法的计算过程,计算结果如图 2-37 所示。

(1) 设起点节点 1 的标号值为零,即:

$$b_1 = 0$$

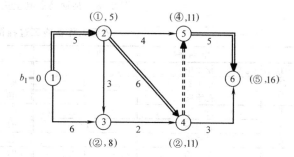

图 2-37　按标号法计算示例

(2) 其他节点的标号值应根据公式 (2-37) 按节点编号从小到大的顺序逐个进行计算:

$$b_j = \max\{b_i + D_{i-j}\} \tag{2-37}$$

式中　b_j——工作 $i-j$ 的完成节点 j 的标号值;

b_i——工作 $i-j$ 的开始节点 i 的标号值;

D_{i-j}——工作 $i-j$ 的持续时间。

例如在本例中　　　　$b_2 = b_1 + D_{1-2} = 0 + 5 = 5$

$b_3 = \max\{b_1 + D_{1-3}, b_2 + D_{2-3}\} = \max\{0+6, 5+3\} = 8$

当计算出节点的标号值后,应该用其标号值及其源节点对该节点进行双标号。所谓源节点,就是用来确定本节点标号值的节点。例如在本例中,节点③的标号值 8 是由节点②所确定,故节点③的源节点就是节点②。如果源节点有多个,应将所有源节点标出。

(3) 网络计划的计算工期就是网络计划终点节点的标号值。例如在本例中,其计算工期就等于终点⑥的标号值,$T_c = 16$。

(4) 关键线路应从网络计划的终点节点开始,逆着箭线方向按源节点确定。例如在本例中,从终点节点⑥开始,逆着箭线方向按源节点可以找出关键线路为 ①$\rightarrow$②$\rightarrow$④$\rightarrow$⑤$\rightarrow$⑥。

(四) 双代号网络计划的应用

【实例 3】　图 2-38 表示某钢筋混凝土三跨桥梁工程,在河床干涸季节按 甲$\rightarrow$乙$\rightarrow$丙$\rightarrow$丁的顺序组织施工。每一桥台(甲、丁)或桥墩(乙、丙)的工艺顺序是挖土$\rightarrow$基础$\rightarrow$钢筋混凝土桥台(墩),最后安装上部结构Ⅰ$\rightarrow$Ⅱ$\rightarrow$Ⅲ。已知各施工过程的持续时间列于表 2-8。如果挖土、基础、桥台(墩)和上部结构安装各组织一个施工队,则该桥梁工程的双代号网络计划如图 2-39 所示。

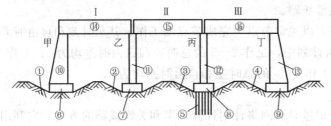

图 2-38 某钢筋混凝土三跨桥梁工程

桥梁工程各施工过程持续时间　　　　表 2-8

序号	工作名称	时间	序号	工作名称	时间
①	挖土甲	4	⑨	基础丁	8
②	挖土乙	2	⑩	桥台	16
③	挖土丙	2	⑪	桥墩	8
④	挖土丁	5	⑫	桥墩	8
⑤	打桩丙	12	⑬	桥台	16
⑥	基础甲	8	⑭	上部结构 I	12
⑦	基础乙	4	⑮	上部结构 II	12
⑧	基础丙	4	⑯	上部结构 III	12

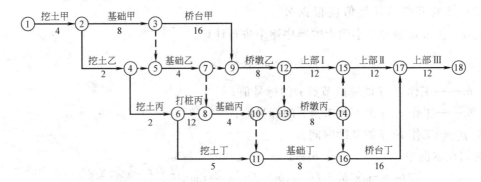

图 2-39　桥梁工程双代号网络计划

【实例 4】　现浇框架结构标准层，有柱、抗震墙、电梯井、楼梯、梁、楼板及暗管铺设等工作项目。其中柱和抗震墙是先绑扎钢筋，再支模板；电梯井是先支内模板，再绑扎钢筋，然后再支外模板；楼梯、梁和楼板则是先支模板，再绑扎钢筋。其双代号施工网络计划如图 2-40 所示。

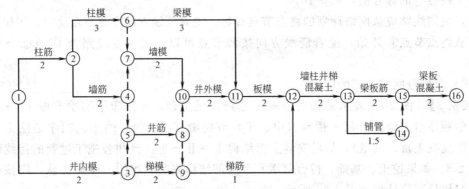

图 2-40　现浇框架结构标准层施工双代号网络计划

三、单代号网络计划

（一）单代号网络图的组成

单代号网络图由节点、箭线、线路三个基本要素组成。

1. 节点

在单代号网络图中，节点表示一项工作，宜用圆圈或方框表示。节点所表示的工作名称、持续时间和工作代号均标注在节点内，如图 2-41 所示。

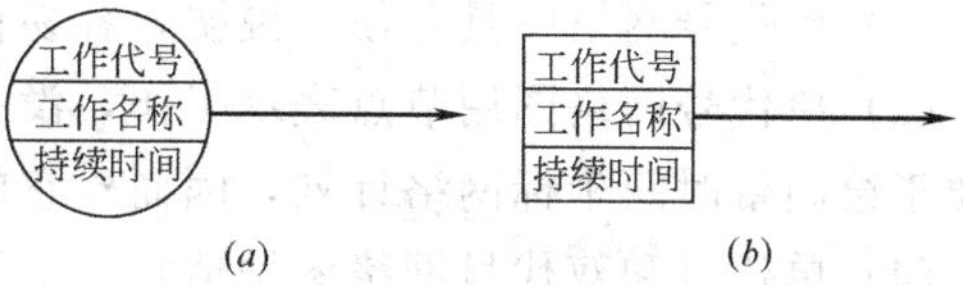

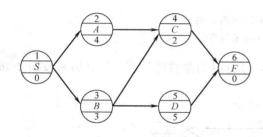

图 2-41 单代号网络图中节点的表示方法
(a) 用圆圈表示；(b) 用方框表示

2. 箭线

单代号网络图中的箭线表示紧邻工作之间的逻辑关系，箭线应画成水平直线、折线或斜线，箭线水平投影的方向应自左向右，表示工作的进行方向。单代号网络图中不设虚箭线。

3. 线路

单代号网络图的线路同双代号网络图的线路含义是相同的。即从起点节点到终点节点通过箭线连接而成，线路上总的工作持续时间最长的线路叫关键线路。

（二）单代号网络图绘制的基本原理

1. 绘制规则

单代号网络图的绘图规则与双代号网络图的绘图规则基本相同，主要区别在于：

当网络图中有多项开始工作时，应增设一项虚拟的工作，作为该网络图的起点节点；当网络图中有多项结束工作时，应增设一项虚拟的工作，作为该网络图的终点节点，如图 2-42 所示，其中 S 和 F 为虚拟工作。

图 2-42 具有虚拟起点节点和终点节点的单代号网络图

2. 绘图示例

将图 2-31 双代号网络图绘制成单代号网络图，如图 2-43 所示。

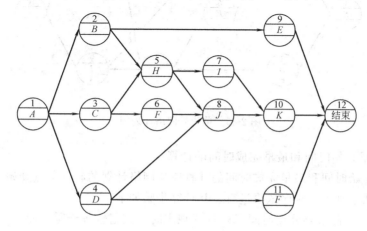

图 2-43 某工程单代号网络计划图

（三）单代号网络图与双代号网络图的比较

（1）单代号网络图绘图方便，易于修改，不必增加虚箭线，因此产生逻辑错误的可能性较小，在此点上，弥补了双代号网络图的不足；

（2）单代号网络图具有便于说明，容易被非专业人员所理解的优点；

（3）单代号网络图用节点表示工作，没有长度概念，与双代号网络图相比不够形象，不便于绘制带时间坐标网络计划，因而对它的推广和使用有一定的影响；

（4）单代号和双代号网络图均适宜于应用计算机进行绘制、计算、优化和调整。

（四）单代号网络计划时间参数的计算

单代号网络图的计算内容和时间参数的意义与双代号网络图基本相同，只是表现形式不同，计算步骤略有区别。单代号网络计划时间参数的标注方式如图 2-44 所示。

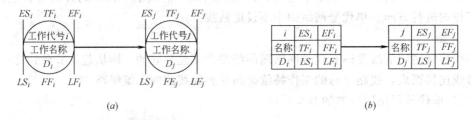

图 2-44　单代号网络计划时间参数的标注方式

(a) 标注形式之一；(b) 标注形式之二

下面以图 2-45 所示单代号网络计划为例，进行时间参数的计算，计算结果按图 2-46 所示。

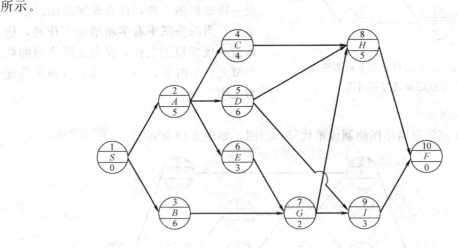

图 2-45　单代号网络计划图

1. 工作最早开始时间和最早完成时间的计算

工作最早开始时间和最早完成时间的计算应从网络计划的起点节点开始，顺着箭线方向按节点编号从小到大的顺序依次进行。其计算步骤如下：

1）起点节点 i 的最早开始时间 ES_i 如无规定时，其值应等于零，即

$$ES_i = 0 \quad (i=1) \tag{2-38}$$

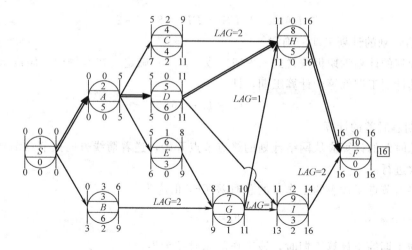

图 2-46 单代号网络计划计算示例

例如在本例中 $$ES_i = 0$$

2）工作最早完成时间按下式计算：

$$EF_i = ES_i + D_i \qquad (2-39)$$

式中 EF_i——工作 i 的最早完成时间；

ES_i——工作 i 的最早开始时间；

D_i——工作 i 的持续时间。

例如在本例中 $$EF_1 = ES_1 + D_1 = 0 + 0 = 0$$

3）其他工作的最早开始时间按下式计算：

$$ES_i = \max\{EF_h\} \qquad (2-40)$$

式中 ES_i——工作 i 的最早开始时间；

EF_h——工作 i 的紧前工作 h 的最早完成时间。

例如在本例中 $$ES_2 = EF_1 = 0$$
$$ES_7 = \max\{EF_3, EF_6\} = \max\{6, 8\} = 8$$

4）网络计划的计算工期等于其终点节点所代表的工作的最早完成时间。

例如在本例中 $$T_C = EF_{10} = 16$$

2. 相邻两项工作时间间隔的计算

相邻两项工作之间的时间间隔是指其紧后工作的最早开始时间与本工作最早完成时间之差，即

$$LAG_{i-j} = ES_j - EF_i \qquad (2-41)$$

式中 LAG_{i-j}——工作 i 与其紧后工作 j 之间间隔；

ES_j——工作 i 的紧后工作 j 的最早开始时间；

EF_i——工作 i 的最早完成时间。

例如本例中 $$LAG_{2-4} = ES_4 - EF_2 = 5 - 5 = 0$$

$$LAG_{3-7}=ES_7-EF_3=8-6=2$$

3. 网络计划的计划工期的确定

网络计划的计划工期仍按公式（2-15）或（2-16）确定。在本例中，假设未规定要求工期，则其计划工期就等于计算工期，即

$$T_P=T_C=16$$

4. 工期总时差的计算

工作总时差的计算应从网络计划的终点节点开始，逆着箭线方向按节点编号从大到小的顺序依次进行。

（1）终点节点所代表的工作 n 的总时差 TF_n 值应为：

$$TF_n=T_P-T_C \tag{2-42}$$

当计划工期等于计算工期时，该工作的总时差为零。

例如在本例中
$$TF_{10}=T_P-T_C=16-16=0$$

（2）其他工作 i 的总时差 TF_i 应为：

$$TF_i=\min\{TF_j+LAG_{i-j}\} \tag{2-43}$$

例如在本例中
$$TF_9=TF_{10}+LAG_{9-10}=0+2=2$$

$$TF_7=\min\{TF_8+LAG_{7-8},TF_9+LAG_{7-9}\}=\min\{0+1,2+1\}=1$$

5. 工作自由时差的计算

（1）终点节点所代表的工作 n 的自由时差 FF_n 应为：

$$FF_n=T_P-EF_n \tag{2-44}$$

例如在本例中
$$FF_{10}=T_P-EF_{10}=16-16=0$$

（2）其他工作 i 的自由时差 FF_i 应为：

$$FF_i=\min\{LAG_{i-j}\} \tag{2-45}$$

例如在本例中
$$FF_3=LAG_{3-7}=2$$
$$FF_7=\min\{LAG_{7-8},LAG_{7-9}\}=\min\{1,1\}=1$$

6. 工作最迟完成时间和最迟开始时间的计算

（1）根据计划工期计算

工作最迟完成时间和最迟开始时间的计算应从网络计划的终点节点开始，逆着箭线方向按节点编号从大到小的顺序依次进行。

1）终点节点 n 的最迟完成时间 LF_n 等于该网络计划的计划工期。即

$$LF_n=T_P \tag{2-46}$$

例如在本例中
$$LF_{10}=T_P=16$$

2）工作最迟开始时间的计算按下式进行：

$$LS_i=LF_i-D_i \tag{2-47}$$

例如在本例中 $\qquad LS_{10}=LF_{10}-D_{10}=16-0=16$

3）其他工作 i 的最迟完成时间 LF_i 应为：

$$LF_i=\min\{LS_j\} \tag{2-48}$$

例如在本例中 $\qquad LF_9=LS_{10}=16$

$$LF_7=\min\{LS_8,LS_9\}=\min\{11,13\}=11$$

（2）根据总时差计算

1）工作最迟完成时间按下式计算：

$$LF_i=EF_i+TF_i \tag{2-49}$$

例如在本例中 $\qquad LF_4=EF_4+TF_4=9+2=11$
$$LF_9=EF_9+TF_9=14+2=16$$

2）工作最迟开始时间按下式计算：

$$LS_i=ES_i+TF_i \tag{2-50}$$

例如在本例中 $\qquad LS_4=ES_4+TF_4=5+2=7$
$$LS_9=ES_9+TF_9=11+2=13$$

7. 关键工作和关键线路的确定

单代号网络计划关键工作的确定方法与双代号网络计划相同，即总时差最小的工作为关键工作，根据这个规定，本例的关键工作是：A、D、H 三项。S 和 F 为虚拟工作。

在单代号网络计划中，从起点节点开始到终点节点均为关键工作，且所有工作的时间间隔均为零的线路即为关键线路。因此本例中的关键线路是①→②→⑤→⑧→⑩。关键线路在网络计划中可以用粗线、双线或彩色线标注。

（五）单代号网络计划的应用

【实例5】 将图 2-39 某桥梁工程双代号网络计划绘制成单代号网络计划，如图 2-47 所示。

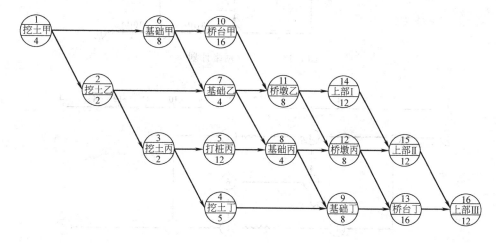

图 2-47 桥梁工程单代号网络计划

四、双代号时标网络计划

(一) 时标网络计划的概念

时标网络计划是以时间坐标为尺度编制的网络计划。时标的时间单位应根据需要在编制网络计划之前确定,可以是小时、天、周、月或季度等。

时标网络计划的工作以实箭线表示,自由时差以波形线表示,虚工作以虚箭线表示。

时标网络计划既具有网络计划的优点,又具有横道计划直观易懂的优点,它将网络计划的时间参数直观地表达出来。

时标网络计划的适用范围是:工作项目较少、工艺过程比较简单的工程;局部网络计划;作业性网络计划;使用实际进度前锋线进行进度控制的网络计划。

(二) 时标网络计划的绘图方法

1. 绘制的基本要求

(1) 时间长度是以所有符号在时标表上的水平位置及其水平投影长度表示的,与其所代表的时间值相对应;

(2) 节点的中心必须对准时标的刻度线;

(3) 虚工作必须以垂直虚箭线表示;

(4) 工作有时差时加波形线表示;

(5) 时标网络计划宜按最早时间编制,不宜按最迟时间编制;

(6) 时标网络计划编制前,必须先绘制无时标网络计划。

2. 时标网络计划图的绘制步骤

(1) 间接绘制法

所谓间接绘制法,是指先计算无时标网络计划的时间参数,再按该计划在时标表上进行绘制。以图 2-48 为例,绘制完成的时标网络计划如图 2-49 所示。

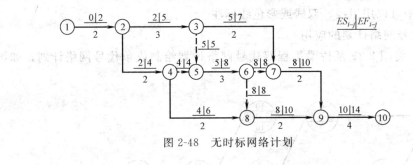

图 2-48 无时标网络计划

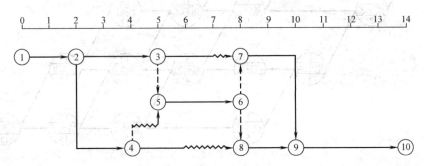

图 2-49 时标网络计划

具体步骤如下：

1）绘制时标表。该表的时标既可标注在顶部，也可标注在底部或上下均标注，时标的长度单位必须注明。必要时可在顶部时标之上或底部时标之下加注日历的对应时间。中部的竖向刻度线宜为细线，为使图面清楚，竖线可少画或不画。

2）计算每项工作的最早开始时间和最早完成时间，见图 2-48。

3）将每项工作的箭尾节点按最早开始时间定位在时标表上，其布局应与无时标网络计划基本相当，然后编号。

4）用实线绘制出工作持续时间，用虚线绘制无时差的虚工作（垂直方向），用波形线绘制工作和虚工作的自由时差。

（2）直接绘制法

所谓直接绘制法，是指不计算时间参数，直接根据无时标网络计划在时标表上进行绘制。

仍以图 2-48 为例，绘制时标网络计划的步骤如下：

1）绘制时标表。

2）将起点节点定位在时标表的起始刻度线上，见图 2-49 的节点①。

3）按工作持续时间绘制起点节点的外向箭线，见图 2-49 的 1—2。

4）工作的箭头节点，必须在其所有内向箭线绘出后，定位在这些内向箭线中最晚完成的实箭线箭头处，如图 2-49 中的节点⑤、⑦、⑧、⑨。

5）某些内向实箭线长度不足以到达该箭头节点时，用波形线补足。如图 2-49 中的 3—7、4—8。如果虚箭线的开始节点和结束节点之间有水平距离时，以波形线补足，如箭线 4—5。如果没有水平距离，绘制垂直虚箭线，如 3—5、6—7、6—8。

6）用上述方法自左至右依次确定其他节点的位置，直至终点节点定位，绘图完成。

（三）时标网络计划的关键线路和时间参数的确定

1. 关键线路的确定

时标网络计划中的关键线路可以从网络计划的终点节点开始，逆着箭线方向进行判定。凡自始至终不出现波形线的线路即为关键线路。因为不出现波形线，就说明在这条线路上相邻两项工作之间的时间间隔全部为零，也就是在计算工期等于计划工期的前提下，这些工作的总时差和自由时差全部为零。例如在图 2-49 所示时标网络计划中，①→②→③→⑤→⑥→⑦→⑨→⑩和①→②→③→⑤→⑥→⑧→⑨→⑩为关键线路。

2. 时间参数的确定

（1）计算工期的确定

时标网络计划的计算工期应等于终点节点与起点节点所在位置的时标值之差。如图 2-49 所示的时标网络计划的计算工期是 $14-0=14$。

（2）工作最早时间的确定

工作箭线左端节点中心所对应的时标值为该工作的最早开始时间。当工作箭线中不存在波形线时，其右端节点中心所对应的时标值为该工作的最早完成时间；当工作箭线中存在波形线时，工作箭线实线部分右端点所对应的时标值为该工作的最早完成时间。例如图 2-49 中工作 2—3 和工作 4—8 的最早开始时间分别为 2 和 4，而它们的最早完成时间分别为 5 和 6。

（3）工作自由时差的确定

时标网络计划中，工作自由时差等于其波形线在坐标轴上水平投影的长度。例如图2-49中工作3—7的自由时差为1，工作4—5的自由时差为1，工作4—8的自由时差为2，其他工作无自由时差。

（4）工作总时差的计算

总时差不能从图上直接判定，需要进行计算。计算应自右向左进行，且符合下列规定：

1）以终点节点为箭头节点的工作的总时差 TF_{i-n} 按下式计算：

$$TF_{i-n}=T_P-EF_{i-n} \tag{2-51}$$

例如在图2-49中 $\qquad TF_{9-10}=T_P-EF_{9-10}=14-14=0$

2）其他工作的总时差应为：

$$TF_{i-j}=\min\{TF_{j-k}+FF_{i-j}\} \tag{2-52}$$

例如在图2-49中 $\qquad TF_{8-9}=TF_{9-10}+FF_{8-9}=0+0=0$

$$TF_{4-8}=TF_{8-9}+FF_{4-8}=0+2=2$$

$$TF_{2-4}=\min\{TF_{4-5}+FF_{2-4},TF_{4-8}+FF_{2-4}\}=\min\{1+0,2+0\}=1$$

（5）工作最迟时间的计算

工作最迟开始时间和最迟完成时间按下式计算：

$$LS_{i-j}=ES_{i-j}+TF_{i-j} \tag{2-53}$$

$$LF_{i-j}=EF_{i-j}+TF_{i-j} \tag{2-54}$$

例如在图2-49中 $\qquad LS_{2-4}=ES_{2-4}+TF_{2-4}=2+1=3$

$$LF_{2-4}=EF_{2-4}+TF_{2-4}=4+1=5$$

（四）时标网络计划的应用

将图2-40现浇框架结构标准层施工网络计划绘制成时标网络计划，如图2-50所示（关键线路用粗线标注）。

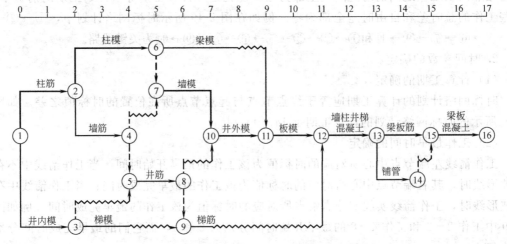

图 2-50 现浇框架结构标准层施工时标网络计划

五、网络计划的优化

网络计划的优化是指在满足既定的约束条件下，按某一目标，通过不断调整，寻求最优网络计划方案的过程。网络计划优化包括工期优化、资源优化及费用优化。

（一）工期优化

所谓工期优化，是指网络计划的计算工期不满足要求工期时，在不改变网络计划各工作之间逻辑关系的前提下，通过压缩关键工作的持续时间以满足要求工期目标的过程。

1. 缩短关键工作的持续时间应考虑的因素

（1）缩短持续时间对质量和安全影响不大的工作；

（2）有充足备用资源的工作；

（3）缩短持续时间所需增加的费用最少的工作。

2. 工期优化的步骤

（1）计算并找出网络计划的计算工期、关键线路及关键工作。

（2）按要求工期计算应缩短的持续时间。

（3）确定各关键工作能缩短的持续时间。

（4）按上述因素选择关键工作压缩其持续时间，并重新计算网络计划的计算工期。

（5）当计算工期仍然超过要求工期时则重复以上步骤，直到计算工期满足要求工期为止。

（6）当所有关键工作的持续时间都已达到其能缩短的极限而工期仍不能满足要求时，应对原组织方案进行调整或对要求工期重新审定。

3. 工期优化的应用

【实例6】 某网络计划如图 2-51 所示，图中括号内数据为工作最短持续时间，假定要求工期为 100 天，优化的步骤如下：

第一步，用工作正常持续时间计算节点的最早时间和最迟时间以找出网络计划的关键工作及关键线路（也可用标号法确定）。如图 2-52 所示。其中关键线路用双箭线表示，为 ①→③→④→⑥，关键工作为 1—3、3—4、4—6。

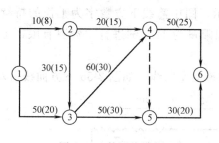

图 2-51 某网络计划

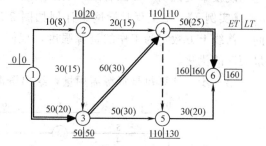

图 2-52 某网络计划的节点时间

第二步，计算需缩短时间。根据图 2-52 所计算的工期需要缩短时间 60 天。根据图 2-51 中数据，关键工作 1—3 可压缩 30 天；关键工作 3—4 可压缩 30 天；关键工作 4—6 可压缩 25 天。这样，原关键线路总计可压缩的工期为 85 天。由于只需压缩 60 天，且考虑到前述原则，因缩短工作 4—6 增加劳动力较多，故仅压缩 10 天，另外两项工作则分别压缩 20 天和 30 天，重新计算网络计划工期如图 2-53 所示，图中标出了新的关键线路，工期为 120 天。

第三步，一次压缩后不能满足工期要求，再作第二次压缩。

按要求工期尚需压缩 20 天，仍根据前述原则，选择工作 2－3、3－5 较宜。用最短工作持续时间置换工作 2－3 和工作 3－5 的正常持续时间，重新计算网络计划，如图 2-54 所示。对其进行计算，可知已满足工期要求。

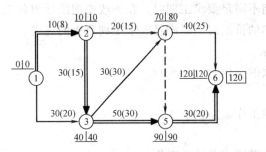

图 2-53　某网络计划第一次调整结果

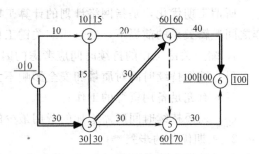

图 2-54　优化后的某网络计划

（二）资源优化

资源是指为完成一项计划任务所需的人力、材料、机械设备和资金等的统称。完成一项工程任务所需的资源量基本上是不变的，不可能通过资源优化将其减少，更不可能通过资源优化将其减至最少。资源优化的目的是通过改变工作的开始时间和完成时间，使资源按照时间的分布符合优化目标。

一项工作在单位时间内所需的某种资源的数量称为资源强度；网络计划中各项工作在某一单位时间内所需某种资源数量之和称为资源需用量；单位时间内可供使用的某种资源的最大数量称为资源限量。

资源优化主要有"资源有限，工期最短"和"工期固定，资源均衡"两种。前者是通过调整计划安排，在满足资源限制条件下，使工期延长最少的过程；而后者是通过调整计划安排，在工期保持不变的条件下，使资源需用量尽可能均衡的过程。

现仅举例说明"资源有限，工期最短"的优化方法和步骤。

【实例 7】　某工程时标网络计划如图 2-55 所示，图中箭线下方数字为工作的持续时间，箭线上方数字为工作的资源强度，现假定资源限量为 12，试进行"资源有限，工期最短"的优化。

第一步，计算每日资源需用量，绘出资源需用量动态曲线，如图 2-55 下方曲线所示。

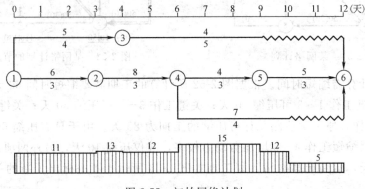

图 2-55　初始网络计划

第二步，调整资源冲突。

1. 从开始日期起，逐个检查每个时段（每个时间单位资源需用量相同的时间段）资源需用量是否超过资源限量。如果每个时段均满足资源限量的要求，则初始可行方案就编制完成，否则须进行工作调整。

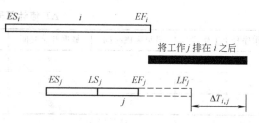

图 2-56　工作 i、j 的安排对工期的影响

2. 分析超过资源限量的时段

设有两项平行作业的工作 i、j，有资源冲突，不能同时施工，如图 2-56 所示。

如果将工作 j 安排在工作 i 之后进行，则工期延长：

$$\Delta T_{i-j} = EF_i + D_j - LF_j = EF_i - (LF_j - D_j) = EF_i - LS_j \qquad (2\text{-}55)$$

这样，在有资源冲突的时段中，对平行作业的工作进行两两排序，即可得出若干个 ΔT_{i-j}，选择其中最小的 ΔT_{i-j}，将相应的工作 j 安排在 i 之后进行，即可降低该时段的资源需用量，又使网络计划的工期延长最短。

3. 本例中，在第一时段 [3，4] 存在资源冲突，应先调整该时段。在时段 [3，4] 有工作 1—3 和工作 2—4 两项工作平行作业，利用公式（2-55）计算 ΔT 值，其结果见表 2-9。

ΔT 值计算表（天）　　　　　　　　　　　　表 2-9

工作序号	工作代号	最早完成时间	最迟开始时间	$\Delta T_{1,2}$	$\Delta T_{2,1}$
1	1—3	4	3	1	—
2	2—4	6	3	—	3

由表 2-9 可知，$\Delta T_{1,2}=1$ 最小，说明将工作 2—4 安排在工作 1—3 之后进行，工期延长最短，只延长 1 天。调整后的网络计划如图 2-57 所示。

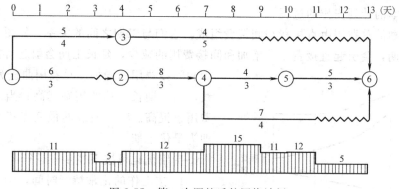

图 2-57　第一次调整后的网络计划

4. 重新计算调整后的网络计划每个时间单位的资源需用量，绘出资源需用量动态曲线，如图 2-57 下方曲线所示。从图中可知，在第四时段 [7，9] 存在资源冲突，故应调整该时段。

5. 在时段 [7，9] 有工作 3－6、工作 4－5 和工作 4－6 三项工作平行作业，利用公式（2-55）计算 ΔT 值，其结果见表 2-10。

ΔT 值计算表（天）   表 2-10

工作序号	工作代号	最早完成时间	最迟开始时间	$\Delta T_{1.2}$	$\Delta T_{1.3}$	$\Delta T_{2.1}$	$\Delta T_{2.3}$	$\Delta T_{3.1}$	$\Delta T_{3.2}$
1	3－6	9	8	2	0	—			
2	4－5	10	7			—	2	1	
3	4－6	11	9				—	3	4

由表 2-10 可知，$\Delta T_{1,3}=0$ 最小，说明将工作 4－6 安排在工作 3－6 之后进行，工期不延长。因此，将工作 4－6 安排在工作 3－6 之后进行，调整后的网络计划如图 2-58 所示。

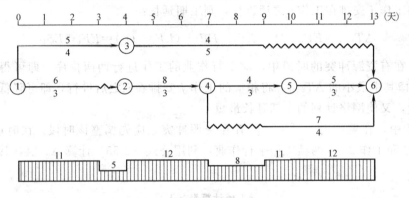

图 2-58 优化后的网络计划

6. 重新计算调整后的网络计划每个时间单位的资源需用量，绘出资源需用量动态曲线，如图 2-58 下方曲线所示。由于此时整个工期范围内的资源需用量均未超过资源限量，故图 2-58 所示方案即为最优方案，其最短工期为 13 天。

（三）费用优化

费用优化又称工期成本优化，是指寻求工程总成本最低时的工期安排，或按要求工期寻求最低成本的计划安排的过程。

网络计划的总费用由直接费和间接费组成。它们与工期之间的关系，如图 2-59 所示。缩短工期，会引起直接费用的增加和间接费用的减少；延长工期会引起直接费用的减少和间接费用的增加。总费用曲线为一 U 形曲线，当工期长，总费用则提高；当工期短，总费用也提高。U 形曲线的最低点相对应的工期即为最优工期。

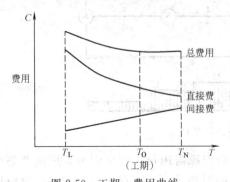

图 2-59 工期—费用曲线

T_L—最短工期；T_O—最优工期；T_N—正常工期

费用优化可按下述步骤进行：

1. 按工作的正常持续时间，确定计算工期和关键线路。

2. 计算各项工作的直接费用率。

工作的持续时间每缩短单位时间而增加的直接费称为直接费用率。直接费用率等于最短

52

时间直接费和正常时间直接费所得之差除以正常持续时间减最短持续时间所得之差而得出的商值，即

$$\Delta C_{i-j} = \frac{CC_{i-j} - CN_{i-j}}{DN_{i-j} - DC_{i-j}} \qquad (2-56)$$

式中　ΔC_{i-j}——工作 $i-j$ 的直接费用率；

　　　CC_{i-j}——工作 $i-j$ 的最短时间直接费，即将工作 $i-j$ 的持续时间缩短为最短持续时间后，完成该工作所需直接费；

　　　CN_{i-j}——工作 $i-j$ 的正常时间直接费，即按正常持续时间完成工作 $i-j$ 所需的直接费；

　　　DN_{i-j}——工作 $i-j$ 的正常持续时间；

　　　DC_{i-j}——工作 $i-j$ 的最短持续时间。

3. 确定间接费用率

间接费用率是工作的持续时间每缩短单位时间所减少的间接费，间接费率一般根据实际情况确定。

4. 在网络计划中找出直接费率（或组织直接费率）最小的一项关键工作或一组关键工作，作为缩短持续时间的对象。

5. 对于选定的压缩对象（一项关键工作或一组关键工作），首先比较其直接费用率或组合直接费用率与工程间接费用率的大小：

（1）如果被压缩对象的直接费用率或组合直接费用率大于工程间接费用率，说明压缩关键工作的持续时间会使工程总费用增加，此时应停止缩短关键工作的持续时间，在此之前的方案即为优化方案；

（2）如果被压缩对象的直接费用率或组合直接费用率等于工程间接费用率，说明压缩关键工作的持续时间不会使工程总费用增加，故应缩短关键工作的持续时间；

（3）如果被压缩对象的直接费用率或组合直接费用率小于工程间接费用率，说明压缩关键工作的持续时间会使工程总费用减少，故应缩短关键工作的持续时间。

6. 当需要缩短关键工作的持续时间时，其缩短值必须符合所在关键线路不能变成非关键线路，且缩短后的持续时间不小于最短持续时间的原则。

7. 计算关键工作持续时间缩短后相应增加的总费用。

8. 重复上述步骤 4—7，直至计算工期满足要求工期或被压缩对象的直接费用率或组合直接费用率大于工程间接费用率为止。

现仅举例说明优化方法和步骤。

【实例 8】　某工程双代号网络计划如图 2-60 所示。有关数据列于表 2-11 中，该工程的间接费用率为 0.8 万元/天，试对其进行费用优化。

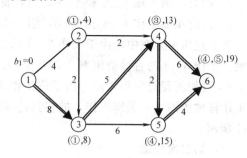

图 2-60　初始网络计划

1. 根据各项工作的正常持续时间，用标号法确定网络计划的计算工期和关键线路。如图 2-60 所示。计算工期为 19 天，关键线路有两条，即①→③→④→⑥和①→③→④→⑤→⑥。

2. 计算各项工作的直接费用率

根据公式（2-56）进行计算，计算结果列在表 2-11 中。

工作持续时间和直接费用表　　　　　　表 2-11

工作	工作持续时间			直接费用			
	正常施工（天）	最短施工（天）	可缩短的时间（天）	正常施工（万元）	最短施工（万元）	差额（万元）	费用率（万元/天）
1—2	4	2	2	7.0	7.4	0.4	0.2
1—3	8	6	2	9.0	11.0	2.0	1.0
2—3	2	1	1	5.7	6.0	0.3	0.3
2—4	2	1	1	5.5	6.0	0.5	0.5
3—4	5	3	2	8.0	8.4	0.4	0.2
3—5	6	4	2	8.0	9.6	1.6	0.8
4—5	2	1	1	5.0	5.7	0.7	0.7
4—6	6	4	2	7.5	8.5	1.0	0.5
5—6	4	2	2	6.5	6.9	0.4	0.2
总计				62.2			

3. 计算工程总费用：

（1）直接费总和＝7.0＋9.0＋5.7＋5.5＋8.0＋8.0＋5.0＋7.5＋6.5＝62.2 万元

（2）间接费总和＝0.8×19＝15.2 万元

（3）工程总费用＝62.2＋15.2＝77.4 万元

4. 通过压缩关键工作的持续时间进行费用优化

（1）第一次压缩

从图 2-60 可知，该网络计划中有两条关键线路，为了同时缩短两条关键线路的总持续时间，有以下四个压缩方案：

1）压缩工作 1—3，直接费用率为 1.0 万元/天；

2）压缩工作 3—4，直接费用率为 0.2 万元/天；

3）同时压缩工作 4—5 和 4—6，组合直接费用率为：0.7＋0.5＝1.2 万元/天；

4）同时压缩工作 4—6 和 5—6，组合直接费用率为：0.5＋0.2＝0.7 万元/天。

在上述压缩方案中，由于工作 3—4 的直接费用率最小，故应选择工作 3—4 作为压缩对象。工作 3—4 的直接费用率 0.2 万元/天，小于间接费用率 0.8 万元/天，说明压缩工作 3—4 可使工程总费用降低。由于将工作 3—4 的持续时间压缩至最短持续时间 3 天，关键工作将被压缩成非关键工作，故将其持续时间压缩 1 天，第一次压缩后的网络计划如图 2-61 所示。

（2）第二次压缩

从图 2-61 可知，该网络计划中有三条关键线路，为了同时缩短三条关键线路的总持续时间，有以下五个压缩方案：

1）压缩工作 1—3，直接费用率为 1.0 万元/天；

2）同时压缩工作 3—4 和 3—5，组合直接费用率为 0.2＋0.8＝1.0 万元/天；

3）同时压缩工作 3－4 和 5－6，组合直接费用率为 0.2＋0.2＝0.4 万元/天；

4）同时压缩工作 3－5、4－5 和 4－6，组合直接费用率为 0.8＋0.7＋0.5＝2.0 万元/天；

5）同时压缩工作 4－6 和 5－6，组合直接费用率为 0.5＋0.2＝0.7 万元/天。

在上述压缩方案中，由于工作 3－4 和工作 5－6 的组合直接费用率最小，故应选择工作 3－4 和工作 5－6 作为压缩对象。工作 3－4 和工作 5－6 的组合直接费用率 0.4 万元/天，小于间接费用率 0.8 万元/天，说明同时压缩工作 3－4 和工作 5－6 可使工程总费用降低。由于工作 3－4 的持续时间只能压缩 1 天，工作 5－6 的持续时间也只能压缩 1 天。将这两项工作的持续时间同时压缩 1 天后，利用标号法重新确定计算工期和关键线路。此时，关键线路由压缩前的三条变为两条，原来的关键工作 4－5 未经压缩而被动地变成了非关键工作。第二次压缩后的网络计划如图 2-62 所示。

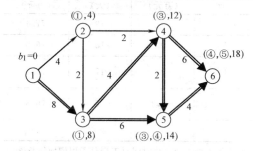

图 2-61　第一次压缩后的网络计划

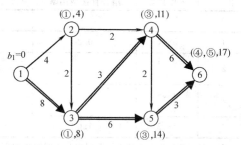

图 2-62　第二次压缩后的网络计划

（3）第三次压缩

从图 2-62 可知，由于工作 3－4 不能再压缩，而为了同时缩短两条关键线路的总持续时间，有以下三个压缩方案：

1）压缩工作 1－3，直接费用率为 1.0 万元/天；

2）同时压缩工作 3－5 和 4－6，组合直接费用率为 0.8＋0.5＝1.3 万元/天；

3）同时压缩工作 4－6 和 5－6，组合直接费用率为 0.5＋0.2＝0.7 万元/天。

在上述压缩方案中，由于工作 4－6 和工作 5－6 的组合直接费用率 0.7 万元/天为最小，且小于间接费用率 0.8 万元/天，说明同时压缩工作 4－6 和工作 5－6 可使工程总费用降低。由于工作 5－6 的持续时间只能压缩 1 天，工作 4－6 的持续时间也只能随之压缩 1 天。将两项工作的持续时间同时压缩 1 天后，利用标号法重新确定计算工期和关键线路。此时关键线路仍然为两条。第三次压缩后的网络计划如图 2-63 所示。

（4）第四次压缩

从图 2-63 可知，由于工作 3－4 和工作 5－6 不能再压缩，而为了同时缩短两条关键线路的总持续时间，只有以下两个压缩方案：

1）压缩工作 1－3，直接费用率为 1.0 万元/天；

2）同时压缩工作 3－5 和 4－6，组合直接费用率为 0.8＋0.5＝1.3 万元/天。

在上述压缩方案中，由于工作 1－3 的直接费用率最小，故应选择工作 1－3 作为压缩对象。但由于工作 1－3 的直接费用率 1.0 万元/天，大于间接费用率 0.8 万元/天，说明压缩工作 1－3 会使工程总费用增加。因此，不需要压缩工作 1－3，优化方案已经得到。费用优化后的网络计划如图 2-64 所示。图中箭线上方括号内数字为工作的直接费。以上费用优化过程见表 2-12。

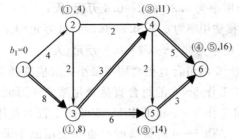

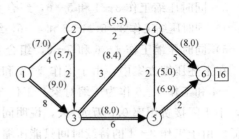

图 2-63 第三次压缩后的网络计划   图 2-64 费用优化后的网络计划

费用优化表
表 2-12

压缩次数	被压缩的工作代号	直接费用率或组合直接费用率	费率差(万元/天)	缩短时间	费用增加值(万元)	总工期(天)	总费用(万元)
0	—	—	—	—	—	19	77.4
1	3—4	0.2	−0.6	1	−0.6	18	76.8
2	3—4 5—6	0.4	−0.4	1	−0.4	17	76.4
3	4—6 5—6	0.7	−0.1	1	−0.1	16	76.3
4	1—3	1.0	+0.2		—		

注：费率差是指工作的直接费用率与工程间接费用率之差，它表示工期缩短单位时间时工程总费用增加的数值。

5. 计算优化后的工程总费用

(1) 直接费总和 $=7.0+9.0+5.7+5.5+8.4+8.0+5.0+8.0+6.9=63.5$ 万元

(2) 间接费总和 $=0.8 \times 16 = 12.8$ 万元

(3) 工程总费用 $=63.5+12.8=76.3$ 万元

思 考 题

1. 施工组织的方式有哪几种？各有什么特点？

2. 流水施工的实质是什么？组织流水施工的条件有哪些？

3. 流水施工参数包括哪些内容？

4. 划分施工段的目的和基本原则是什么？

5. 什么是流水节拍？确定流水节拍应考虑哪些因素？

6. 什么是流水步距？确定流水步距的基本要求是什么？

7. 流水施工按节拍特征不同可划分哪几种方式？各有什么特点？

8. 当组织无节奏流水施工时，如何确定流水步距？当组织异节拍流水施工时，能用该法确定流水步距吗？

9. 什么是双代号网络图和单代号网络图？

10. 虚工作在双代号网络图中起何作用？

11. 什么是工艺关系和组织关系？试举例说明。

12. 简述双代号网络图的绘制规则。

13. 单代号网络图和双代号网络图各有哪些优缺点？

14. 确定网络计划关键线路的方法有哪些？

15. 简述双代号时标网络计划的特点及适用范围。

16. 时标网络计划能在图上显示哪几个时间参数？

17. 工期优化和费用优化的区别是什么?

习　题

1. 某施工由 A、B、C、D 四个施工过程组成,均划分为四个施工段。设 $t_A = 2$ 天、$t_B = 1$ 天、$T_C = 3$ 天、$T_D = 2$ 天。试分别按三种施工组织方式计算工期,并绘出各自的施工进度计划表。

2. 某分部工程由支模板、绑钢筋、浇混凝土三个施工过程组成,分四个施工段组织流水施工,流水节拍均为 4 天。试计算:(1)该工程项目流水施工的工期为多少?(2)假如工作面允许,每一个施工段绑扎钢筋均提前一天进入,该流水施工的工期应为多少?并绘制进度计划表。

3. 某工程有 7 幢同类型房屋,基础工程分为挖土、浇混凝土、砌基础墙和回填土四个施工过程,流水节拍分别为 6 天、6 天、3 天和 6 天,组织流水施工。试计算流水施工工期并绘制流水施工进度计划表。

4. 某工地建造 6 幢同类型的大板住宅,每幢房屋的主导施工过程及所需施工时间分别为:基础工程 1 周,结构安装 3 周,粉刷装修 2 周,室外清理 2 周。试计算:(1)成倍节拍流水施工的工期并绘制施工进度计划表;(2)异节拍流水施工的流水步距及工期并绘制施工进度计划表。

5. 某工程有关数据如表 2-13 中所示。试计算:(1)各流水步距和工期;(2)绘制流水施工进度表。

各个施工过程的流水节拍值(天)　　表 2-13

施工过程	施工段			
	①	②	③	④
A	2	2	3	3
B	2	1	3	3
C	4	3	2	2
D	3	2	2	5

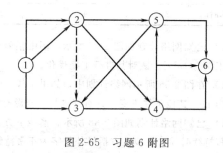

图 2-65　习题 6 附图

6. 图 2-65 中存在哪些绘图错误?请改正。

7. 根据表 2-14 中各工作之间的逻辑关系,分别绘制双代号网络图和单代号网络图。

各工作之间的逻辑关系　　　　　表 2-14

工作	A	B	C	D	E	G	H	I	J	K	L	M
紧前工作	—	—	B	A	A、C	B	D	D、E、G	G	G	H、I	I、J、K

8. 某网络计划的有关资料如表 2-15 所示,试绘制双代号网络计划图,并在图中计算出各项工作的六个时间参数。在图上用双箭线标明关键线路。

表 2-15

工作代号	持续时间	工作代号	持续时间
①-②	2	④-⑤	0
②-④	5	④-⑦	4
②-④	3	⑤-⑧	2
②-⑤	8	⑥-⑧	4
③-⑤	2	⑦-⑧	3
③-⑥	11	⑧-⑨	4

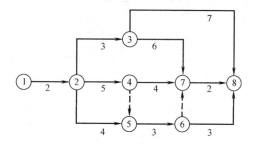

图 2-66　习题 9 附图

9. 已知网络计划如图 2-66 所示，试在图中标出各个节点的最早时间和最迟时间，并据此计算各项工作的六个时间参数，在图上用双箭线标明关键线路。

10. 某网络计划的有关资料如表 2-16 所示，试绘制单代号网络计划图。并在图中计算出各项工作的六个时间参数及相邻两项工作的时间间隔。在图上用双箭线标明关键线路。

表 2-16

工作	A	B	C	D	E	G	H	I	J
紧前工作	—	—	A	A、B	B	C、D	D	D、E	G、H、I
持续时间	2	4	6	5	3	3	6	4	3

11. 某网络计划的有关资料如表 2-17 所示，试绘制双代号时标网络计划图。并计算各项工作的六个时间参数和关键线路。

表 2-17

工作	A	B	C	D	E	F	G	H	I	J	K
紧前工作	—	A	A	A	B	C、D	C、D	D	E、F	G	G、H
持续时间	2	2	4	3	2	2	6	2	4	4	3

12. 已知网络计划如图 2-67 所示，图中括号外数字为正常持续时间，括号内数字为最短持续时间，要求工期为 19 天。试对其进行工期优化。

13. 在图 2-55 所示网络计划中，如果工作 2—4 的资源强度为 7，工作 4—6 的资源强度为 6，而资源限量为 12，其他条件不变。试对其进行"资源有限，工期最短"的优化。

14. 已知网络计划如图 2-68 所示，箭线下方括号外数字为工作的正常持续时间，括号内数字为工作的最短持续时间；箭线上方括号外数字为正常持续时间时的直接费，括号内数字为最短持续时间时的直接费。费用单位为 1000 元，时间单位为周。如果工程间接费率为 1 万元/周，则最低工程费用时工期为多少周？

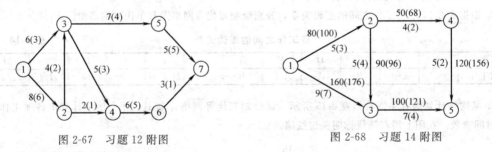

图 2-67　习题 12 附图　　　　图 2-68　习题 14 附图

第三章 施工准备工作

【学习重点】 为了保证建筑工程的顺利开工和正常施工，必须在工程开工前做好各项准备工作。通过本章内容的学习：掌握施工准备工作的要求和保证措施；理解施工准备工作中的施工与设计、室内与室外、土建工程与专业工程的相互关系；理解施工准备工作中前期准备与后期准备的相互关系；会做一般建筑工程的施工准备工作。

第一节 施工准备工作的意义和内容

一、施工准备工作的意义

施工准备工作是为了保证工程顺利开工和施工活动正常进行而必须事先做好的各项准备工作，它是施工程序中的重要环节。

现代建筑施工是一个复杂的组织和实施过程，它投入的生产要素多且易变，影响因素又很多，在施工过程中可能会遇到各种技术问题、协作配合问题等。如果对于这样一项复杂而庞大的系统工程，在事先缺乏充分的统筹考虑与安排，必然会使施工活动陷于被动，使施工无法正常进行，而且还可能酿成重大的质量事故和安全事故。认真细致地做好施工准备工作，对充分发挥企业优势、合理组织资源、加快施工进度、提高工程质量、降低工程成本、实现文明施工、保证施工安全、增加企业经济效益、赢得企业社会信誉等，都具有重要的意义。

施工准备工作也是施工企业搞好目标管理，推行技术经济责任制的重要依据。同时，施工准备工作还是土建施工和设备安装顺利进行的根本保证。

施工准备工作的进行，需要花费一定的时间，似乎推迟了建设进度，但实践证明，凡是重视和做好施工准备工作，积极为工程项目创造一切有利的施工条件，施工进度不但不减慢，反而会加快。因为做好了施工的充分准备，不但取得了施工的主动权，而且可以避免工作的无序性和资源的浪费，有利于保证工程质量和施工安全，提高效益。

二、施工准备工作的分类和内容

（一）施工准备工作的分类

1. 按施工项目分类

（1）建设项目施工准备

它是以一个建设项目为对象而进行的各项施工准备，其目的和内容都是为全面性施工服务的。如落实施工组织总准备措施、搞好建设项目场内场外准备工程等。它既为全面性的施工做好准备，当然也兼顾了单位工程施工条件的准备。

（2）单位工程施工条件准备

它是以一个建筑物或构筑物为对象而进行的施工准备。其目的和内容都是为单位工程施工服务的。它不仅要为该单位工程的施工做好一切准备，而且要为分部分项工程做好施工准备。

（3）分部分项工程作业条件准备

它是以一个分部分项工程或冬雨期施工项目为对象而进行的作业条件准备。

2. 按工程项目施工阶段分类

（1）开工前的施工准备

它是在拟建工程正式开工之前所进行的一切施工准备工作。其目的是为施工项目正式开工创造必要的施工条件。

（2）各施工阶段前的施工准备

它是在施工项目开工之后，每个施工阶段正式开工之前所进行的一切施工准备工作。其目的是为施工阶段正式开工创造必要的施工条件。如钢筋混凝土框架结构建筑的施工，一般可分为地下工程、主体结构工程、装饰工程、屋面工程及围护工程等施工阶段，每个施工阶段的施工内容都不尽相同，所需要的技术条件、物资条件、组织要求和现场布置等方面也不同。因此，在每个施工阶段开工之前，都必须做好相应的施工准备工作。

3. 按工程项目行为主体分类

（1）建设单位（业主）的施工准备

它是指按照常规或合同的约定应由建设单位（业主）所做的施工准备工作。如土地征用、拆迁补偿、"三通一平"、施工许可、水准点与坐标控制点的确定以及部分施工材料的采购等工作。

（2）施工单位（承包商）的施工准备

它是指按照常规或合同的约定应由施工单位（承包商）所做的施工准备工作。如施工组织设计、临时设施的建造、材料采购、施工机具租赁、施工人员进场等工作。

（二）施工准备工作的内容

工程项目施工准备工作按其性质和内容，通常包括技术准备、物资准备、劳动组织准备、施工现场准备和施工场外准备等工作。

1. 技术准备

技术准备即通常所说的"内业"工作，它是施工准备工作的核心，它可以为项目施工提供各种指导性文件。由于任何技术的差错或隐患都可能引起人身安全事故或工程质量事故，造成生命、财产和经济的巨大损失，因此，必须认真做好技术准备工作。其主要有如下内容：

（1）熟悉和审查施工图纸

1）施工图纸是否完整和齐全；施工图纸是否符合国家有关建筑设计的方针、政策和规范要求。

2）施工图纸与其说明书在内容上是否一致；施工图纸及其各组成部分间有无矛盾和错误。

3）建筑图与其相关的结构图、水电安装图，在坐标、尺寸、轴线、标高和说明方面是否一致，技术要求是否明确。

4）熟悉工业项目的生产工艺流程和技术要求；掌握配套投产的先后次序和相互关系；审查设备安装图纸及与其相配合的土建图纸在轴线和标高尺寸上是否一致，土建施工的质量标准能否满足设备安装的工艺要求。

5）审查基础设计与地基处理方案同建造地点的工程地质和水文地质条件是否一致；弄清楚建筑物与地下原有构筑物、管线间的相互关系。

6）掌握拟建工程的建筑和结构的形式和特点，需要采取哪些新技术；复核主要承重结构或物件的强度、刚度和稳定性是否满足施工要求；对于工程复杂、施工难度大和技术要求高的分部分项工程，要审查现有施工技术和管理水平能否满足工程质量和工期要求；建筑设备及加工订货有何特殊要求等。

熟悉和审查施工图纸主要是为编制施工组织设计提供各项依据，通常按图纸自审、会审和现场签证等三个阶段进行。图纸自审由施工单位主持，并写出图纸自审记录，图纸自审记录应包括对设计图纸的疑问和对设计图纸的有关建议等。图纸会审由建设单位或监理单位主持，设计和施工单位共同参加，形成图纸会审纪要，由建设单位正式行文，参加会议各方共同会签并加盖公章，作为指导施工和工程结算的依据。图纸现场签证是工程施工中，遵循技术核定单和设计变更签证制度，对所发现的问题进行现场签证，作为指导施工、竣工验收和工程结算的依据。

（2）原始资料调查分析

为了做好施工准备工作，除了要掌握有关施工项目的书面资料外，还应该进行施工项目的实地踏勘和调查，获得有关数据的第一手资料，这对于编制一个先进合理、切合实际的施工组织设计是非常必要的。

1）自然条件调查分析

它包括建设地区的气象、建设场地的地形、工程地质和水文地质、施工现场地上和地下障碍物状况、周围民宅的坚固程度等项调查，为编制施工现场的"三通一平"计划提供依据。此外还包括地上建筑物的拆除，高压输电线路的搬迁，地下构筑物的拆除和各种管线的搬迁等项工作。为减少施工扰民，如打桩工程应在施工前，对居民的危房采取保护性措施；施工噪音控制在一定时间和范围内。自然条件调查内容和目的可参见表3-1所示。

自然条件调查表 表3-1

序号	项目		调查内容	调查目的
一、气象	气温		1. 全年各月平均温度，最高、最低温度、月份 2. 冬夏季室外计算温度 3. ≤−3℃、0℃、5℃天数的起止时间	1. 防暑降温 2. 冬期施工措施 3. 估计混凝土、砂浆强度
	雨雪		1. 雨期起止时间；降雪时间，降雪量 2. 全年降水量，一日最大降水量 3. 年雷暴日数	1. 雨期施工措施 2. 现场排水、防洪 3. 防雷
	风		1. 主导风向及频率 2. 8级风全年天数、时间	1. 布置临时设施 2. 高空作业及吊装措施
二、工程地形地质	地形		1. 区域地形图 2. 工程位置地形图 3. 该地区城市规划图 4. 控制桩、水准点的位置	1. 选择施工用地 2. 布置施工总平面图 3. 计算现场平整土方量 4. 了解障碍物及数量
	地质		1. 钻孔布置图 2. 地质剖面图：土层类别、厚度 3. 物理力学指标：天然含水量、孔隙比、塑性指数、渗透系数、地基承载力 4. 地质稳定性：滑坡、流砂 5. 最大冻结深度 6. 地基土破坏情况、钻井、古墓、防空洞及地下构筑物	1. 土方施工方法的选择 2. 地基处理方法 3. 基础施工方法 4. 拟定障碍物拆除方案
	地震		地震类别	

序号	项目	调查内容	调查目的
三、工程水文地质	地下水	1. 最高、最低水位及时间 2. 流向、流速及流量 3. 水质分析 4. 抽水试验	1. 基础施工方案的选择 2. 降低地下水位方法、措施 3. 拟定防止侵蚀性介质的措施
	地面水	1. 临近江河湖泊及距离 2. 洪水、枯水时期 3. 水质分析	1. 临时给水 2. 水土工程施工 3. 施工防洪措施

2）技术经济条件调查分析

它包括地方建筑施工企业、地方资源、交通运输、水电气及其他能源、主要设备和特种物资以及它们的生产能力等项调查。交通运输条件调查内容和目的如表 3-2 所示，水、电、气条件调查内容和目的如表 3-3 所示。

交通运输条件调查表　　　　　表 3-2

序号	项目	调查内容	调查目的
一	铁路	1. 邻近铁路专用线、车站至工地的距离及沿途运输条件 2. 站场卸货线长度，起重能力和储存能力 3. 装载单个货物的最大尺寸、重量的限制 4. 运费、装卸费和装卸力量	1. 选择运输方式 2. 拟定运输计划
二	公路	1. 主要材料产地至工地的公路等级、路面构造、路宽及完好情况，允许最大载重量，途经桥涵等级、允许最大尺寸、最大载重量 2. 当地专业运输机构及附近村镇能提供的装卸、运输能力，汽车、畜力、人力车的数量及运输效率、运费、装卸费 3. 当地有无汽车修配厂，修配能力和至工地距离	
三	航运	1. 货源、工地至邻近河流、码头渡口的距离，道路情况 2. 洪水、平水、枯水期时，通航的最大船只吨位及取得船只的可能性 3. 码头装卸能力，最大起重量，增设码头的可能性 4. 渡口渡船能力，同时可载汽车，马车数，每日次数，能为施工提供的运载能力 5. 运费、渡口费、装卸费	

水、电、气等条件调查表　　　　　表 3-3

序号	项目	调查内容	调查目的
一	给排水	1. 工地用水与当地现有水源连接的可能性，可供水量，管线敷设地点、管径、材料、埋深、水压、水质及水费；水源至工地距离，沿途地形地物状况 2. 自选临时江河水源的水质、水量、取水方式，至工地距离，沿途地形地物状况；自选临时水井的位置、深度、管径、出水量和水质 3. 利用永久性排水设施的可能性，施工排水的去向、距离和坡度；有无洪水影响，防洪设施状况	1. 确定生活、施工供水方案 2. 确定工地排水方案和防洪设施 3. 拟定供排水设施的施工进度计划
二	供电与电讯	1. 当地的电源位置，引入的可能性，可供电的容量、电压、导线截面和电费，引入方向，接线地点及其至工地距离，沿途地形地物状况 2. 建设单位和施工单位自有的发、变电设备的型号、台数和容量 3. 利用邻近电讯设施的可能性，电话、通讯网络等至工地的距离，可能增设电讯设备、线路的情况	1. 确定供电方案 2. 确定通讯方案 3. 拟定供电、通讯设施的施工进度计划
三	蒸汽等	1. 蒸汽来源，可供蒸汽量，接管地点、管径、埋深，至工地距离，沿途地形地物状况，蒸汽价格 2. 建设、施工单位自有锅炉的型号、台数和能力，所需燃料及水质标准 3. 当地或建设单位可能提供的压缩空气、氧气的能力，至工地距离	1. 确定施工、生活用气方案 2. 确定压缩空气、氧气的供应计划

（3）编制施工预算

施工预算是根据中标后的合同价、施工图纸、施工组织设计或施工方案、施工定额等文件进行编制的。施工预算是建筑企业内部控制各项成本支出、考核用工、"两算"对比、签发施工任务单、限额领料、施工项目部进行经济核算的依据。

（4）编制施工组织设计

拟建工程应根据工程规模、结构特点和建设单位的要求，编制指导工程施工全过程的纲领性文件—施工组织设计。

2. 物资准备

（1）物资准备工作内容

1）建筑材料准备

根据施工预算的材料分析和施工进度计划的要求，编制建筑材料需要量计划，为施工备料、确定仓库和堆场面积以及组织运输提供依据。

2）构（配）件和制品加工准备

根据施工预算所提供的构（配）件和制品的加工要求，编制出其需要量计划，为组织运输和确定堆场面积提供依据。

3）建筑施工机具准备

根据施工方案和进度计划的要求，编制施工机具需要量计划，为组织运输和确定机具停放场地提供依据。

4）生产工艺设备准备

根据生产工艺流程及其工艺设备布置图的要求，编制工艺设备需要量计划，为组织运输和确定堆放面积提供依据。

（2）物资准备工作程序

1）编制各种物资需要量计划；

2）签订物资供应合同；

3）确定物资运输方案和计划；

4）组织物资按计划进场和保管。

3. 劳动组织准备

（1）建立施工项目领导机构

根据工程规模、结构特点和复杂程度，确定施工项目领导机构的人选和名额；遵循合理分工与密切协作，因事设职与因职选人的原则，建立有施工经验、有开拓精神和工作效率高的施工项目领导机构。

（2）建立精干的工作队组

根据采用的施工组织方式，确定合理的劳动组织，建立相应的专业或混合队组。

（3）集结施工力量，组织劳动力进场

按照开工日期和劳动力需要量计划，组织劳动力进场，安排好职工生活，并进行安全、防火和文明施工等方面教育。

（4）做好职工进场教育工作

为落实施工计划和技术责任制，应按管理系统逐级进行施工技术交底。交底内容通常包括：项目施工进度计划和月旬作业计划；各项安全技术措施、降低成本措施和质量保证措施；质量标准和验收规范要求；设计变更和技术核定事项等，必要时进行现场示范。同时健全各项管理制度，其内容包括：工程质量检验与验收制度；工程技术档案管理制度；建筑材料（构件、配件、制品）的检查验收制度；技术责任制度；技术交底制度；安全操作制度等，加强对职工的遵纪守法教育。

4. 施工现场准备

施工现场准备工作，主要是为了给施工项目创造有利的施工条件和充足的物质保证。其具体内容如下：

（1）清除障碍物

施工场地内的一切障碍物，无论是地上的还是地下的，都应在开工之前清除。这些工作一般是由建设单位来完成的，但也有委托施工单位来完成的。清除时，一定要了解现场实际情况。原有建筑物情况复杂、原始资料不全时，应采取相应的措施，防止发生事故。

对于原有电力、通讯、给排水、煤气、供热网、绿化树木等设施和障碍物的排除和清理，要与有关部门联系并办好手续后方可进行，一般由专业公司来处理。房屋只有在水、电、气切断后，才能进行拆除。

（2）施工现场控制网测量

根据给定永久性坐标和高程，按照建筑总平面图要求，进行施工场地控制网测量，设置场区永久性控制测量标桩。

（3）做好"三通一平"工作，认真设置消火栓

"三通一平"指的是工程开工前确保施工现场水通、电通、路通和场地平整。现有些建设工程也往往进一步要求工程开工前达到"四通一平"或"七通一平"的标准。"七通一平"即通上水、通下水、通污水、通电力、通电信、通燃气、通交通、场地平整。

1）场地平整

清除障碍物后，即可进行场地平整工作，按照建筑总平面图的要求，计算出挖填土方量，设计土方调配方案，确定场地平整的施工方案，进行场地平整工作。

2）路通

施工现场的道路是组织物资进场的动脉。拟建工程开工前，必须按照施工总平面图的要求，修建现场永久性道路和必要的临时道路，形成完整的运输网络。为节省工程费用，应尽可能利用已有的道路，为使施工时不损坏路面和加快修路速度，可以先修路基或在路基上铺简易路面，施工完毕后，再铺路面。

3）给水通

施工用水包括生产用水、生活用水和消防用水。应按施工总平面图的规划进行安排，施工给水尽可能与永久性的给水系统结合起来。临时管线的铺设，既要满足施工用水的需要量，又要施工方便，并且尽量缩短管线的长度，以降低工程的成本。

4）排水通

施工现场的排水也十分重要，特别在雨期，如场地排水不畅，会影响到施工和运输的顺利进行。高层建筑的基坑深、面积大，施工往往要经过雨期，应做好基坑周围的挡土支护工作，防止坑外雨水向坑内汇流，并做好基坑底部雨水的排放工作。

5）排污通

施工现场的生活污水排放，直接影响到城市的环境卫生。由于环境保护的要求，有些

污水不能直接排放，而需进行处理以后方可排放。因此，现场的排污也是一项重要的工作。

6）电力及电信通

电是施工现场的主要动力来源，施工现场用电包括施工生产用电和生活用电。应按施工组织设计要求，接通电力和电信设施。电源首先应考虑从国家电力系统或建设单位已有的电源上获得。如供电能力不能满足施工用电需要，则应考虑在现场建立自备发电系统，确保施工现场动力设备和通信设备的正常运行。

7）蒸汽及燃气通

施工中如需要通蒸汽、燃气，应按施工组织设计的要求进行安排，以确保施工的顺利进行。

"三通一平"或"七通一平"工作，有时工作量大、牵涉面广、需要时间较长。对特大型工程或分期分批建设的工程现场，为了使工程早日开工，可在统一规划下首先做好全场性的主干道路和水电管线，而支线和场地平整工作则分区分批进行。

施工现场必须按消防要求，设置足够数量的消火栓。

（4）建造临时设施

按照施工总平面图和临时设施需要量计划，建造各项临时设施，为正式开工准备好生产和生活用房。

（5）组织施工机具进场

根据施工机具需要量计划，按施工平面图和施工方案要求，组织施工机械、设备和工具先后进场，按规定地点和方式存放，并应进行相应的保养和试运转等项工作。

（6）组织建筑材料进场

根据建筑材料、构（配）件和制品需要量计划，按工程进度要求组织其陆续进场，按规定地点和方式储存或堆放。

（7）拟定有关试验、试制项目计划

建筑材料进场后，应进行各项材料的复试、检验。对于新技术项目，应拟定相应试验和试制计划，并均应在开工前实施。

（8）做好季节性施工准备

按照施工组织设计要求，认真落实冬雨期和高温季节施工项目的临时设施和技术组织措施。

5. 施工场外准备

施工准备除了施工现场内部的准备工作外，还有施工现场外部的准备工作，其具体内容如下：

（1）材料加工和订货

建筑材料、构（配）件和制品大部分均必须外购，工艺设备更是如此。应根据各项资源需要量计划，同建材加工和设备制造部门或单位取得联系，签订供货合同，保证按时按质按量供应。

（2）施工机具租赁或订购

对于本单位缺少且需要的施工机具，应根据需要量计划，同有关单位签订租赁合同或订购合同。

（3）做好分包或劳务安排，签订分包或劳务合同通过经济效益分析，对本单位难以承担的专业工程，如大型土石方、结构安装和设备安装工程等，应尽早做好分包或劳务安排。采用招标或委托方式，同具有相应资质的承包单位签订分包或劳务合同，并保证合同履行。

第二节　施工准备工作的要求

一、施工准备工作应分阶段、有组织、有计划、有步骤地进行

施工准备工作不仅要在开工前集中进行，而且贯穿于整个施工过程中。随着工程施工的不断进展，在各施工阶段开始之前，都要不间断地做好施工准备工作，为顺利地进行工程各阶段的施工创造条件。

为了落实各项施工准备工作，加强检查和监督，必须根据各项施工准备工作的内容、时间和人员，编制出施工准备工作计划。其格式如表 3-4。

施工准备工作计划表　　　　　　表 3-4

序号	施工准备项目	简要内容	要　求	负责单位（人）	配合单位	起止时间		备　注
						月 日	月 日	

由于各项准备工作之间有相互逻辑依存关系，单纯的计划表格还不能表达明白，提倡编制施工准备工作网络计划，以明确各项准备工作之间的相互逻辑依存关系，找出关键线路，并在网络计划图上进行施工准备工作所需工期的调整，以尽量缩短准备工作的时间。

二、施工准备工作要有严格的保证措施

（一）建立严格的施工准备工作责任制

由于施工准备工作范围广、项目多、时间长，因此必须要有严格的责任制，使施工准备工作得以真正落实。在编制施工准备工作计划以后，就要按计划将责任明确到有关部门和个人，以保证按计划要求的内容及时间完成工作。同时，明确各级技术负责人在施工准备工作中应负的责任，以便推动和促使技术负责人认真做好施工准备工作。

（二）建立施工准备工作检查制度

施工准备工作不但要有计划、有分工，而且要有布置、有检查。检查的目的在于督促，发现薄弱环节，不断改进工作。施工准备工作的检查，主要检查施工准备工作的执行情况，如果没有完成计划要求，应进行分析，找出原因，排除障碍，协调施工准备工作进度或调整施工准备工作计划。

（三）坚持按基本建设程序办事，严格执行开工报告和审批制度

依据《建设工程监理规范》（GB 50319—2000）要求，工程项目开工前，施工准备工作具备了以下条件时，施工单位应向监理单位报送工程开工报审表及开工报告、证明文件等，监理单位审查同意后，由总监理工程师签发工程开工报审表，并报建设单位（业主）。

（1）征地拆迁工作能满足工程进度的需要；

（2）施工许可证已获政府主管部门批准；

（3）施工组织设计已获总监理工程师批准；

（4）施工单位现场管理人员已到位，机具、施工人员进场，主要工程材料已落实；

（5）进场道路及水、电、通信等已满足开工要求。

开工报告及工程开工报审表见表3-5、表3-6所示。

开工报告   表3-5

施工单位		报告日期	
工程编号		开工日期	
工程名称		结构类型	
建设单位		建筑面积	
建设地点		建筑造价	
设计单位		建设单位联系人	
单位工程负责人		制　　表	
说明：			
		项目部签章：　　　　年　月　日	
建设单位签章		监理单位签章	施工单位签章

工程开工/复工报审表   表3-6

工程名称：   编号：

致：＿＿＿＿＿＿＿＿＿＿＿＿＿＿＿＿＿＿＿＿＿（监理公司）
我方承担的＿＿＿＿＿＿＿＿＿＿＿＿＿＿＿＿＿＿工程，已完成了以下各项工作，具备了开工/复工 条件，特此申请施工，请核查并签发 开工/复工 指令。
附：1.开工报告
2.（证明文件）
承包单位（章）＿＿＿＿＿＿＿＿＿
项目经理＿＿＿＿＿＿＿＿＿
日　　期＿＿＿＿＿＿＿＿＿
审查意见：
项目监理机构＿＿＿＿＿＿＿＿＿
总监理工程师＿＿＿＿＿＿＿＿＿
日　　期＿＿＿＿＿＿＿＿＿

国家有关部门关于建设大中型项目开工条件的规定：

（1）项目法人已经设立。项目组织管理机构和规章制度健全，项目经理和管理机构成员已经到位，项目经理已经过培训，具备承担项目施工工作的资质条件。

（2）项目初步设计及总概算已经批复。若项目总概算批复时间至项目申请开工时间超过两年以上（含两年），或自批复至开工时间，动态因素变化大，总投资超出原批复概算10%以上的，须重新核定项目总概算。

（3）项目资本金和其他建筑资金已经落实，资金来源符合国家有关规定，承诺手续完备，并经审计部门认可。

（4）项目施工组织设计大纲已经编制完成。

（5）项目主体工程（或控制性工程）的施工单位已经通过招标选定，施工承包合同已经签订。

（6）项目法人与项目设计单位已签订设计图纸交付协议。项目主体工程（或控制性工程）的施工图纸至少满足连续三个月施工的需要。

（7）项目施工监理单位已通过招标选定。

（8）项目征地、拆迁的施工场地"四通一平"（即供电、供水、运输、通讯和场地平整）工作已经完成，有关外部配套生产条件已签订协议。项目主体工程（或控制性工程）施工准备工作已经做好，具备连续施工的条件。

（9）项目建设需要的主要设备和材料已经订货，项目所需建筑材料已落实来源和运输条件，并已备好连续施工三个月的材料用量。需要进行招标采购的设备、材料，其招标组织机构落实，采购计划与工程进度相衔接。

三、施工准备工作中应做好四个结合

（一）施工与设计相结合

接到施工任务后，施工单位应尽早与设计单位联系，着重了解工程的总体规划、平面布局、结构形式、构件种类、新材料新技术等的应用和出图的顺序，以便使出图顺序与单位工程的开工顺序及施工准备工作顺序协调一致。

（二）室内与室外准备工作相结合

室内准备主要指内业的技术资料准备工作（如熟悉图纸、编制施工组织设计等），室外准备主要指调查研究、收集资料和施工现场准备、物资准备等外业工作。室内准备对室外准备起着指导作用，而室外准备则是室内准备的具体落实，室内准备工作与室外准备工作要协调地进行。

（三）土建工程与专业工程相结合

在施工准备工作中，土建工程与专业工程是相互配合进行的，如果专业工程施工跟不上土建工程施工，就会影响施工进度。因此，土建施工单位做施工准备工作时，要告知专业施工单位，并督促和协助专业工程施工单位做好施工准备工作。

（四）前期准备与后期准备相结合

由于施工准备工作周期长，有一些是开工前做的，有一些是在开工后交叉进行。因此，既要立足于前期准备工作，又要着眼于后期的准备工作。要统筹安排好前、后期的施工准备工作，把握时机，及时做好近期的施工准备工作，同时，规划好后期的施工准备工作。

思　考　题

1. 试述施工准备工作的意义。
2. 简述施工准备工作的分类和内容。
3. 技术准备工作包括哪些内容？
4. 熟悉和审查施工图纸的程序通常分为哪几个阶段？
5. 原始资料的调查包括哪些方面？各方面的主要内容有哪些？
6. 物资准备包括哪些内容？如何做好劳动组织准备？
7. 什么叫"三通一平"？
8. 施工现场准备工作包括哪些内容？
9. 施工准备工作的保证措施有哪些？

第四章　建筑工程安全文明施工

【学习重点】　建筑工程安全文明施工和环境保护是工程顺利施工的重要保证，也是建筑施工技术水平提高和发展的必要条件。通过本章内容的学习：理解建筑工程安全施工的特点和影响因素；重点掌握安全技术措施的实施、施工现场安全检查内容和方法；掌握安全防护用品的种类和使用方法，洞口和临边的安全防护措施；掌握建筑工程安全生产事故分类和安全事故的处理方法；理解建筑工程文明施工方法和环境保护措施。

第一节　建筑工程安全施工

一、影响建筑施工的不安全因素

施工现场的不安全因素较多，主要表现在以下四个方面：

1. 人的因素

人的不安全因素包括人的行为因素和非行为因素两类。

人的行为不安全因素一般可分为13种类型：

(1) 操作失误、忽视安全、忽视警告；

(2) 造成安全装置失效；

(3) 使用不安全设备；

(4) 肢体代替工具操作；

(5) 物体存放不当；

(6) 冒险进入危险场所；

(7) 攀、坐不安全位置；

(8) 在起吊物下作业、停留；

(9) 在机器运转下进行检查、维修、保养等工作；

(10) 分散注意力行为；

(11) 没有正确使用个人防护用品、用具；

(12) 不安全装束；

(13) 对易燃易爆等危险物品处理错误等。

人的非行为不安全因素是指作业人员在生理、心理、能力上存在的，不能适应工作岗位要求的影响安全的因素，主要包括：

(1) 生理上的不安全因素。包括肢体，听觉、视觉反应等感觉器官以及体能、年龄、疾病等不适合工作岗位要求的影响因素。

(2) 心理上的不安全因素。包括性格、气质和情绪等。

(3) 能力上的不安全因素。包括知识技能、操作技能、应变能力、资格等不适应工作岗位能力要求的影响因素。

2. 物的因素

物的不安全因素是指能导致事故发生的物质所存在的不安全因素。其主要类型有：

(1) 设备或机具防护装置欠缺或有缺陷；

(2) 个人防护用品、用具欠缺或有缺陷；

(3) 安全设施、工具、附件欠缺或有缺陷；

(4) 安全措施不当；

(5) 安全技术的滞后或欠缺；

(6) 安全资金投入的不足等。

3. 环境的因素

环境的不安全因素是指能导致事故发生的环境中存在的不利于建筑施工的因素。主要包括以下方面：

(1) 各种自然因素的不利影响；

(2) 经常变化的作业场所；

(3) 立体交叉和高处作业的施工环境；

(4) 复杂多变的周围环境；

(5) 不利于施工的社会环境等。

4. 管理因素

管理的不安全因素也称为管理缺陷，作为间接原因也是事故潜在的不安全因素。主要包括以下方面：

(1) 管理制度缺乏或不健全；

(2) 管理机构存在的缺陷或失职；

(3) 管理水平低下；

(4) 管理方法的缺陷；

(5) 安全教育的缺乏或不全面；

(6) 应急预案的缺乏或不完善。

二、建筑工程施工安全技术措施

(一) 施工安全技术措施的要求

1. 施工安全技术措施必须在工程开工前制定

施工安全技术措施是施工组织设计的重要组成部分，应在工程开工前与施工组织设计一同编制。为保障各项安全设施的落实，在工程图纸会审时，就应该特别注意考虑安全施工的问题，并在开工前制定好安全技术措施，使得用于该工程的各种安全设施有较充分的时间进行采购、制作和维护等准备工作。

2. 施工安全技术措施要有全面性

按照有关法规的要求，在编制工程施工组织设计时，应当根据工程特点制定相应的施工安全技术措施。对于大型工程项目、结构复杂的重点工程，除必须在施工组织设计中编制施工安全技术措施外，还应编制专项工程施工安全技术措施，详细说明有关安全方面的防护要求和措施，确保单位工程或分项工程的施工安全。对爆破、拆除、起重、吊装、水下、基坑支护和降水、土方开挖、脚手架、模板等危险性较大的作业，必须编制专项安全施工技术方案。

3. 施工安全技术措施要有针对性

施工安全技术措施是针对每项工程特点制定的,编制施工安全技术措施的技术人员必须掌握工程概况、施工方法、施工环境、施工条件等第一手资料,并熟悉安全法规、标准等,才能制定有针对性的安全技术措施。

4. 施工安全技术措施应力求全面、具体、可靠

施工安全技术措施应把可能出现的不安全因素考虑周全,制定的对策措施方案应力求全面、具体、可靠,这样才能真正做到预防安全事故的发生。但是,全面具体不等于罗列一般通常的操作工艺、施工方法以及日常安全工作制度、安全纪律等。这些制度性规定,安全技术措施中不需要再做抄录,但必须严格执行。

对大型群体工程或一些面积大、结构复杂的重点工程,除必须在施工组织总设计中编制施工安全技术总措施外,还应编制单位工程或分部分项工程安全措施,详细地制定出有关安全方面的防护要求和措施,确保该单位工程或分部分项工程的安全施工。

5. 施工安全技术措施是在相应的工程施工之前制定的,所涉及的施工条件和危险情况大都是建立在可预测的基础上,而建筑工程施工过程是开放的过程,在施工期间的变化是经常发生的,还可能出现预测不到的突发事件或灾害(如地震、火灾、台风、洪水等)。所以,施工安全技术措施必须包括面对突发事件或紧急状态的各种应急设施、人员逃生和救援预案,以便在紧急情况下,能及时启动应急预案,减少损失,保护人员安全。

6. 施工安全技术措施要有可行性和可操作性

施工安全技术措施应能够在每个施工工序之中得到贯彻实施,既要考虑保证安全要求,又要考虑现场环境条件和施工技术条件能够做到。

(二)建筑工程安全技术措施

1. 单位工程施工组织设计中的安全技术措施

单位工程施工组织设计是规划和指导拟建工程从施工准备到竣工验收全过程的技术经济文件。施工单位在编制单位工程施工组织设计时,应当根据工程特点制定相关的安全技术措施。安全技术措施要针对工程特点、施工方法、施工工艺、作业条件以及人员素质等因素,按施工部位列出施工的危险点,对照各危险源制定具体的防护措施和安全作业注意事项,并将各种防护设施的用料计划和验算结果一并纳入施工组织设计,安全技术措施必须经上级主管领导审批,并经相关部门和人员会签。

保证安全事故的技术措施,可从以下几方面考虑:

(1)保证土石方边坡稳定的措施;

(2)防止各类物体坠落伤人的措施;

(3)脚手架、吊篮、安全网等的位置及各类高处作业防止坠落的措施;

(4)外用电梯、井架及塔式起重机等垂直运输机械的拉结要求和防倒塌措施;

(5)安全用电和机电设备防短路、防触电的措施;

(6)施工机具的安全使用措施;

(7)易燃易爆及有毒作业场所的防火、防爆、防毒措施;

(8)季节性施工的安全措施,如雨季的防雨、防洪,夏季的防暑、降温,冬季的防滑、防火等措施;

(9)现场周围通行道路及居民保护隔离措施;

（10）保证安全施工的组织与管理措施，如安全教育、安全宣传及检查制度等。

2. 安全专项施工方案

《建设工程安全生产管理条例》规定：对达到一定规模的危险性较大的分部分项工程应当由施工单位组织编制安全专项施工方案，并附具安全验算结果，经施工单位技术负责人、总监理工程师签字后实施，有专职安全生产管理人员进行现场监督，其中特别重要的专项施工方案还必须组织专家进行论证、审查。建设部发布的《危险性较大工程安全专项施工方案编制及专家论证审查办法》（建质【2004】213号）对需进行论证审查的范围作了进一步的明确。

（1）编制范围

根据《建设工程安全生产管理条例》，对于危险性较大工程应当在施工前单独编制安全专项施工方案。危险性较大工程是指：

1）基坑支护与降水工程。基坑支护工程是指开挖深度超过5m（含5m）的基坑（槽）并采用支护结构施工的工程；或基坑虽未超过5m，但地质条件和周围环境复杂、地下水位在坑底以上等工程。

2）土方开挖工程。土方开挖工程是指开挖深度超过5m（含5m）的基坑、槽的土方开挖。

3）模板工程。各类工具式模板工程，包括滑膜、爬模、大模板等；水平混凝土构件模板支撑系统及特殊结构模板工程。

4）起重吊装工程。

5）脚手架工程。具体包括：高度超过24m的落地式钢管脚手架，附着式升降脚手架，（包括整体提升与分片式提升），悬挂式脚手架，门形脚手架，悬挂脚手架，吊篮脚手架，卸料平台等。

6）拆除、爆破工程。采用人工、机械拆除或爆破拆除的工程。

7）其他危险性较大的工程。具体包括：建筑幕墙的安装施工、预应力结构张拉施工、隧道工程施工、桥梁大桥施工、特种设备施工、网架和索膜结构施工、6m以上的边坡施工、大江和大河的导流和截流施工、航道和港口工程等，以及采用新技术、新工艺、新材料，可能影响建设工程质量安全，已经行政许可，尚无技术标准的施工。

（2）编制原则

安全专项施工方案的编制，必须考虑现场的实际情况、施工特点及周围作业环境，措施要有针对性。凡施工过程中可能发生的危险因素及建筑物周围外部环境的不利因素等，都必须从技术和组织上采取具体且有效的措施予以防范。

安全专项施工方案除应包括相应的安全技术措施外，还应当包括监控措施、应急方案以及紧急救护措施等内容。

（3）审查

1）建筑施工企业专业工程技术人员编制的安全专项施工方案，由施工企业技术部门的专业技术人员及监理单位专业监理工程师进行审核，审核合格，由施工企业技术负责人、监理单位总监理工程师签字后，方可实施。

2）对于满足以下条件的建筑工程，建筑施工企业在编制专项施工方案的基础上，还应当组织专家组进行论证审查。

① 深基坑工程。开挖深度超过 5m（含 5m）或地下室三层以上（含三层），或深度虽未超过 5m（含 5m），但地质条件和周围环境及地下管线极其复杂的工程。

② 地下暗挖工程。地下暗挖及遇有溶洞、暗河、瓦斯、岩爆、涌泥、断层等地质复杂的隧道工程。

③ 高大模板工程。水平混凝土构件模板支撑系统高度超过 8m，或跨度超过 18m，施工总荷载大于 $10kN/m^2$，或集中线荷载大于 $15kN/m$ 的模板支撑系统。

④ 30m 及以上高空作业的工程。

⑤ 大江、大河中深水作业的工程。

⑥ 城市房屋拆除爆破和其他土石大爆破工程。

3）专家组的规定。按照《危险性较大工程安全专项施工方案编制及专家论证审查办法》的规定，专家组必须符合以下要求：

① 建筑施工企业应当组织不少于 5 人的专家组，对已编制的安全专项施工方案进行论证审查。

② 安全专项施工方案专家组必须提出书面论证审查报告，施工企业应根据论证审查报告进行完善，施工企业技术负责人、总监理工程师签字后，方可实施。

③ 专家组书面论证审查报告应作为安全专项施工方案的附件，在实施过程中，施工企业应严格按照安全专项方案组织施工。

（4）实施

施工过程中，施工单位必须严格遵照安全专项施工方案组织施工，应做到：

1）施工前，应严格执行安全技术交底制度进行分级交底。

2）相应的施工设备和设施搭建、安装完成后，要组织有关人员进行验收，合格后方可投入使用。

3）施工中，对安全施工方案要求的监测项目（如沉降量、垂直度等），要落实监测，及时反馈信息。

4）对危险性较大的作业，还应安排专业人员进行现场安全监控管理。

5）施工完成后，应及时对安全专项施工方案进行总结。

3. 分部（分项）工程安全技术交底

安全技术交底工作是由施工单位项目技术负责人主持，向施工工长、班组长、施工作业人员等进行职责落实的工作交底。它是在施工方案的基础上，按照施工方案的要求，对施工方案进行的细化和补充，也是对操作者的安全注意事项说明，保证操作者的人身安全。要严肃认真地进行，不能仅表现于形式。

安全技术交底工作应当在正式作业前进行，不但要口头讲解，同时要有书面文字材料，并履行签字手续。项目技术负责人、生产班组长、现场安全管理员三方签字并各留一份。

安全技术交底的内容主要包括：工程概况、施工的部位、作业特点、施工方法及要求、危险点安全隐患、安全操作规程、安全注意事项和要求、安全技术措施，以及发生安全事故后应及时采取的避难和应急救援方法等内容。交底内容应按分部（分项）工程和针对作业条件的变化具体进行。

安全技术交底可以与质量交底、施工进度交底等同步进行。

三、建筑施工现场安全检查

（一）安全检查的目的

（1）了解施工现场的安全生产情况，为加强安全生产管理提供准确的信息和依据；

（2）落实预防为主的方针，及时发现问题，治理隐患，保障安全生产的顺利进行；

（3）利用检查，进一步宣传、贯彻、落实安全生产方针、政策和各项安全生产规章制度；

（4）增强领导和群众的安全意识，制止违章指挥，纠正违章作业，提高全体员工的安全生产自觉性和责任感；

（5）发现、总结及交流安全生产的成功经验，推动本企业、本地区乃至整个行业安全生产管理水平的提高。

（二）安全检查的主要类型

1. 全面安全检查

全面安全检查应包括安全生产管理方针、管理组织机构及其安全管理的职责、安全设施、操作环境、防护用品、卫生条件、运输管理、危险品管理、火灾预防、安全教育和安全检查制度等内容。对全面检查的结果必须进行汇总分析，仔细探讨所出现的问题及相应对策。

2. 经常性安全检查

工程项目部和生产班组应开展经常性安全检查，及时排除事故隐患。上班前，工作人员必须对所用的机械设备和工具进行仔细的检查，发现问题立即上报。下班后，还必须进行班后检查，做好设备的维修保养和清整场地等工作，保证交接安全。

3. 专业或专职安全管理人员的专业安全检查

专业或专职安全管理人员均有较丰富的安全施工理论知识和实践经验。专业或专职安全管理人员进行安全检查，能够更加规范施工现场的安全生产程序，落实各项施工安全技术措施，控制工程施工按照既定安全目标有序进行。在专业安全检查中，专业或专职安全管理人员发现施工、操作人员有违章施工、操作情况应要求立即纠正，发现存在安全隐患及时指出并提出切实可行的防护措施应要求立即整改，并及时上报检查结果。

4. 季节性安全检查

要对防风防沙、防涝抗旱、防雷电、防暑防害等工作进行季节性的检查，根据各个季节自然灾害的发生规律，及时采取相应的防护措施。

5. 节假日检查

节假日，加班的施工人员较少，易放松警惕、发生意外，而且一旦发生意外事故，难以进行有效的救援和控制。因此，节假日必须安排专业安全管理人员进行安全检查，对重点部位要进行巡视。同时配备一定数量的安全保卫人员，搞好安全保卫工作。

6. 要害部门重点安全检查

对于企业要害部门和重要设施必须进行重点检查。由于其重要性和特殊性，一旦发生意外，会造成大的伤害，给企业的经济效益和社会效益带来不良的影响。为了确保安全，对设备的运转和零件的状况要定时进行检查，发现损伤立刻更换，决不能"带病"作业；一旦达到有效年限即使没有故障，也应该予以更新。

（三）安全检查的主要内容

1. 查思想

检查企业领导和员工对安全生产方针的认识程度，对建立和健全安全生产管理和安全生产规章制度的重视程度，对安全检查中发现的安全问题或安全隐患的处理态度等。

2. 查制度

为了实施安全生产管理制度，工程施工企业应结合本身实际情况，建立并健全一整套本企业的安全生产规章制度，并落实到具体的工程项目施工任务中。在安全检查时，应对企业的施工安全生产规章制度进行检查。施工安全生产规章制度一般应包括以下内容：

（1）安全生产责任制度；

（2）安全生产许可证制度；

（3）安全生产教育培训制度；

（4）安全措施计划制度；

（5）特种作业人员持证上岗制度；

（6）专项施工方案专家认证制度；

（7）危及施工安全的工艺、设备、材料淘汰制度；

（8）施工起重机械使用登记制度；

（9）安全生产事故报告和调查处理制度；

（10）各种安全技术操作规程；

（11）危险作业管理审批制度；

（12）易燃、易爆、剧毒、放射性、腐蚀性等危险物品生产、储运、使用的安全管理制度；

（13）防护物品的发放和使用制度；

（14）安全用电制度；

（15）危险场所动火作业审批制度；

（16）防火、防爆、防雷、防静电制度；

（17）危险岗位巡回检查制度；

（18）安全标志管理制度。

3. 查管理

检查安全生产管理是否有效，安全生产管理和规章制度是否真正得到落实。

4. 查隐患

检查施工生产现场是否符合安全生产要求，检查人员应深入施工现场，检查影响安全施工的各种危险源。如：工人的劳动条件、建筑材料堆放、施工现场临时用电、建筑施工机械设备、深基坑开挖、基坑支护与降水、脚手架搭设、高大模板、起重吊装、洞口临边防护设施、消防设施、防火安全通道，各种易燃、易爆物贮藏、卫生设施等。

5. 查整改

检查对发现的安全隐患、提出的安全问题和发生安全生产事故后，企业或工程项目部是否采取了安全技术措施和安全管理措施，进行整改的效果如何。

6. 查事故处理

检查对伤亡事故是否及时报告，对责任人是否已做出严肃处理。在安全检查中必须成立一个适应安全检查工作需要的检查组，配备适当的人力物力。检查结束后应编写安全检查报告，说明已达标项目、未达标项目、存在问题、原因分析等，给出纠正和预防措施的建议。

四、安全检查的注意事项

(1) 安全检查要深入基层，紧紧依靠职工，坚持领导与群众相结合的原则，组织好检查工作。

(2) 建立检查的组织领导机构，配备适当的检查力量，挑选具有较高技术业务水平的专业人员参加。

(3) 明确检查的目的和要求。既要严格要求，又要防止一刀切，要从实际出发，分清主、次矛盾，力求实效。

(4) 把自查与互查有机结合起来。基层以自检为主，企业内相应部门间互相检查，取长补短，相互学习和借鉴。

(5) 坚持查改结合。检查不是目的，只是一种手段，整改才是最终目的。发现问题，要及时采取切实有效的防范措施。

(6) 建立检查档案。结合安全检查表的实施，逐步建立健全检查档案，收集基本的数据，掌握基本安全状况，为及时消除隐患提供依据。

为推动建筑工程安全施工，应对现场的安全管理情况进行检查、评比，不合格的工地令其限期整改，甚至予以适当的经济处罚。安全管理的检查、评比一般是由企业管理部门按安全管理的要求，将其内容分解为安全生产责任制、施工组织设计、分部（分项）工程安全技术交底、安全教育、持证上岗、工伤处理和安全标志等管理分项，逐项检查、评分，最后汇总得出总分。《建筑施工安全检查标准》（JGJ 59—2011）中安全管理检查评分表见表4-1。

安全管理检查评分表

表 4-1

序号	检查项目		扣分标准	应得分数	扣减分数	实得分数
1	保证项目	安全生产责任制	未建立安全生产责任制，扣10分 安全生产责任制未经责任人签字确认，扣3分 未备有各工种安全技术操作规程，扣2~10分 未按规定配备专职安全员，扣2~10分 工程项目部承包合同中未明确安全生产考核指标，扣5分 未制定安全生产资金保障制度，扣5分 未编制安全资金使用计划或未按计划实施，扣2~5分 未制定伤亡控制、安全达标、文明施工等管理目标，扣5分 未进行安全责任目标分解，扣5分 未建立对安全生产责任制和责任目标的考核制度，扣5分 未按考核制度对管理人员定期考核，扣2~5分	10		
2		施工组织设计及专项施工方案	施工组织设计中未制定安全技术措施，扣10分 危险性较大的分部分项工程未编制安全专项施工方案，扣10分 未按规定对超过一定规模危险性较大的分部分项工程专项施工方案进行专家论证，扣10分 施工组织设计、专项方案未经审批，扣10分 安全技术措施、专项施工方案无针对性或缺少设计计算，扣2~8分 未按施工组织设计、专项施工方案组织实施，扣2~10分	10		
3		安全技术交底	未进行书面安全技术交底，扣10分 未按分部分项进行交底，扣5分 交底内容不全面或针对性不强，扣2~5分 交底未履行签字手续，扣4分	10		

序号	检查项目		扣分标准	应得分数	扣减分数	实得分数
4	保证项目	安全检查	未建立安全检查制度,扣10分 未有安全检查记录,扣5分 事故隐患的整改未做到定人、定时间、定措施,扣2~6分 对重大事故隐患整改通知书所列项目未按期整改和复查,扣5~10分	10		
5		安全教育	未建立安全教育培训制度,扣10分 施工人员入场未进行三级安全教育培训和考核,扣5分 未明确具体安全教育培训内容,扣2~8分 变换工种或采用新技术、新工艺、新设备、新材料施工时未进行安全教育,扣5分 施工管理人员、专职安全员未按规定进行年度教育培训和考核,每人扣2分	10		
6		应急预案	未制定安全生产应急救援预案,扣10分 未建立应急救援组织或未按规定配备救援人员,扣2~6分 未定期进行应急救援演练,扣5分 未配置应急救援器材和设备,扣5分	10		
		小计		60		
7	一般项目	分包单位安全管理	分包单位资质、资格、分包手续不全或失效,扣10分 未签订安全生产协议书,扣5分 分包合同、安全生产协议书,签字盖章手续不全,扣2~6分 分包单位未按规定建立安全机构或未配备专职安全员,扣2~6分	10		
8		持证上岗	未经培训从事施工、安全管理和特种作业,每人扣5分 项目经理、专职安全员和特种作业人员未持证上岗,每人扣2分	10		
9		生产安全事故处理	生产安全事故未按规定报告,扣10分 生产安全事故未按规定进行调查分析、制定防范措施,扣10分 未依法为施工作业人员办理保险,扣5分	10		
10		安全标志	主要施工区域,危险部位未按规定悬挂安全标志,扣2~6分 未绘制现场安全标志布置图,扣3分 未按部位和现场设施的变化调整安全标志设置,扣2~6分 未设置重大危险源公示牌,扣5分	10		
		小计		40		
	检查项目合计			100		

第二节　安全防护

一、安全帽、安全带、安全网

建设工程安全生产的"三宝"是指安全帽、安全带和安全网。安全帽是用来保护使用者的头部、减轻撞击伤害的个人用品;安全带是用来预防高处作业人员坠落的个人防护用具;安全网是用来防止人、物坠落而伤人的防护设施。经过多年的实践经验证明,正确使用、佩戴"三宝",是降低建筑施工伤亡事故的有效措施。

(一)安全帽

安全帽是由帽壳(帽外壳、帽舌、帽檐)、帽衬(帽箍、顶衬、后箍等)、下颏带三部分组成。正确使用安全帽的方法是：

（1）进入施工现场必须正确佩戴安全帽。

（2）首先要选择与自己头形适合的安全帽，佩戴安全帽前，要仔细检查合格证、使用说明、使用期限，并调整尺寸，帽衬尺寸其顶端与帽壳之间必须保持 20～50mm 的空间。

（3）佩戴安全帽时，必须系紧下颚带，防止安全帽失去作用。不同头形或冬季佩戴的防寒安全帽，应选择合适的型号，并及时调节帽箍，注意保留帽衬与帽壳的距离。

（4）不能随意对安全帽进行拆卸或添加附件，以免影响其原有的防护性能。

（5）佩戴一定要戴正、戴牢，不能晃动，防止脱落。

（6）安全帽在使用过程中会逐渐损坏，所以要经常进行外观检查。如果发现帽壳与帽衬有异常损伤或裂痕，或帽衬与帽壳内顶之间水平垂直间距达不到标准要求的，就不能继续使用，应当更换新的安全帽。

（7）安全帽不用时，需放置在干燥通风的地方，远离热源，不要受日光的直射，这样才能确保在有效使用期内的防护功能不受影响。

（8）注意使用期限，到期的安全帽要进行检验，符合安全要求才能继续使用，否则必须更换。

（9）安全帽只要受过一次强力的撞击，就无法再次有效吸收外力，有时尽管外表上看不到任何损伤，但是内部已经遭到损伤，不能继续使用。

（二）安全带

安全带是由带子、绳子和金属配件组成。建筑施工中的登高作业、独立悬空作业，如搭设脚手架、吊装混凝土构件、钢构件及设备等，都属于高空作业，操作人员都应佩戴安全带。

国家标准对安全带的使用和保管作了严格要求：

（1）安全带应高挂低用，注意防止摆动碰撞。使用 3m 以上长绳应加缓冲器，自锁钩所用的吊绳则例外。

（2）缓冲器、速差式装置和自锁钩可以串联使用。

（3）不准将安全绳打结使用，也不准将挂钩直接挂在安全绳上使用，应挂在连接环上使用。

（4）安全带上的各种部件不得任意拆除，更换新绳时要注意加绳套。

（5）安全带使用两年后，按批量购入情况，抽验一次。对经抽样测试过的样带，必须更换安全绳后才能继续使用。

（6）使用频繁的安全绳，要经常进行外观检查，发现异常时，应立即更换新绳。

（7）安全带的使用期为 3～5 年，发现异常应提前报废。

（三）安全网

安全网是由网体、边绳、系绳、筋绳等部分组成。

安全网正确的使用方法是：

（1）安全网上的每根系绳都应与支架系结，四周边绳（边缘）应与支架贴紧，系结应符合打结方便、连接牢固、容易解开以及工作中受力后不会开脱的原则。有筋绳的安全网安装时还应把筋绳连接在支架上。

（2）平网网面不宜绷得过紧，当网面与作业面高度差大于 5m 时，其伸出长度应大于

4m，当网面与作业面高度差小于 5m 时，其伸出长度应大于 3m，平网与下方物体表面的最小距离应不小于 3m。两层平网间距不得超过 10m。

（3）立网网面应与水平面垂直，并与作业面边缘最大间隙不超过 100mm。

（4）安装后的安全网应经专业人员检验后，方可使用。

（5）使用时，不得随便拆除安全网的构件，人不得跳进或把物品投入安全网内，不得将大量焊件或火星落入安全网内。

（6）不得在安全网内或下方堆积物品；安全网周围不得有严重腐蚀性烟雾。

（7）对使用中的安全网，应进行定期或不定期的检查，并及时清理网上落物和污染，当受到较大冲击后应及时更换。

（8）安全网使用 3 个月后，应对系绳进行强度检验。

（9）安全网应由专人保管发放，暂时不用的应存放在通风、避光、隔热、无化学品污染的仓库或专用场所。

二、洞口、临边防护措施

（一）预留洞口防护

（1）楼板、屋面和平台等面上短边尺寸小于 250mm 但大于 25mm 的孔口，必须用坚实的盖板盖严，盖板要有防止挪动移位的固定措施。

（2）楼板面等处边长为 250～500mm 的洞口、安装预制构件时的洞口以及因缺件临时形成的洞口，可用竹、木等作盖板，盖住洞口，盖板要保持四周搁置均衡，并有固定其位置不发生挪动移位的措施。

（3）边长为 500～1500mm 的洞口，必须设置一层以扣件连接钢管而成的网格栅，并在其上满铺竹笆或脚手板，也可以采用贯穿于混凝土板内的钢筋构成防护网栅，钢筋网格间距不得大于 200mm。

（4）边长在 1500mm 以上的洞口，四周必须设防护栏杆，洞口下张设安全平网防护。

（5）垃圾井道和烟道，应随楼层的砌筑或安装而逐一消除洞口，或按照预留洞口的做法进行防护。

（6）位于车辆行驶通道旁的洞口、深沟与管道坑、槽，所加盖板应能承受不小于当地额定卡车后轮有效承载力 2 倍的荷载。

（7）墙面等处的竖向洞口，凡落地的洞口应加装开关式、固定式或工具式防护门，门栅网格的间距不应大于 150mm，也可采用防护栅栏，下设挡脚板。

（8）下边沿至楼板或底面低于 800mm 的窗台等竖向洞口，如侧边落差大于 2m 时，应加设 1.2m 高的临时护栏。

（9）对邻近的人与物有坠落危险的其他横、竖向的孔、洞口，均应予以加盖或加以防护，并固定牢靠，防止挪动移位。

（二）临边防护

（1）在进行临边作业时，必须设置安全警示标牌。

（2）基坑周边、尚未安装栏杆或栏板的阳台周边、无外脚手架防护的楼面与屋面周边、分层施工的楼梯与楼梯段边、龙门架、井架、施工电梯或外脚手架等通向建筑物的通道的两侧边、框架结构建筑的楼层周边、斜道两侧边、料台与挑平台周边、雨篷与挑檐边、水箱与水塔周边等处必须设置防护栏杆、挡脚板，并用安全立网进行封闭。

（3）临边外侧靠近街道时，除设防护栏、挡脚板、封挂立网外，立面还应采取荆笆等硬封闭措施，防止施工中落物伤人。

（三）电梯井口防护

电梯井口防护必须设高度不低于 1.2m 的金属防护门。电梯井内首层和首层以上每隔四层设一道水平安全网，安全网应封闭严密，未经上级主管技术部门批准，电梯井不得做垂直运输通道和垃圾通道。

（四）楼梯踏步及休息平台口防护

楼梯踏步及休息平台处必须设两道牢固防护栏杆或用立挂安全网做防护。回转式楼梯间应支设首层水平安全网。

（五）阳台边及楼层临边四周防护

1. 阳台边防护

阳台栏板应随层安装，不能随层安装的，必须设两道防护栏杆，或立挂安全网封闭。

2. 建筑物楼层临边四周防护

建筑物楼层临边四周无维护结构时，必须设两道防护栏杆，或立挂安全网加一道防护栏杆。

（六）建筑物及通道防护

建筑物的出入口应搭设长 3~6m、宽于出入通道两侧各 1m 的防护棚，棚顶应满铺不小于 5cm 厚的脚手板，非出入口和通道两侧必须封严。

临近施工区域，对人或物构成威胁的地方，必须支搭防护棚，确保人、物的安全。

第三节　安全事故处理

一、建筑工程安全生产事故分类

（一）按安全事故类别分类

按照我国《企业伤亡事故分类标准》（GB 6441—1986）规定，职业伤害事故分类为 20 类，其中与建筑业有关的有以下 12 类：

（1）物体打击：指落物、滚石、锤击、碎裂、崩块、砸伤等造成的人身伤害，不包括因爆炸而引起的物体打击。

（2）车辆伤害：指被车辆挤、压、撞和车辆倾覆等造成的人身伤害。

（3）机械伤害：指被机械设备或工具绞、碾、碰、割、戳等造成的人身伤害，不包括车辆、起重设备引起的伤害。

（4）起重伤害：指从事各种起重作业时发生的机械伤害事故，不包括上下驾驶室时发生的坠落伤害，起重设备引起的触电及检修时制动失灵造成的伤害。

（5）触电：由于电流经过人体导致的生理伤害，包括雷击伤害。

（6）灼烫：指火焰引起的烧伤，高温物体引起的烫伤，强酸或强碱引起的灼伤，放射线引起的皮肤损伤，不包括电烧伤及火灾事故引起的烧伤。

（7）火灾：在火灾时造成的人体烧伤、窒息、中毒等。

（8）高处坠落：由于危险势能差引起的伤害，包括从架子、屋架上坠落以及平地坠入坑内等。

（9）坍塌：指建筑物、堆置物倒塌以及土石塌方等引起的事故伤害。

（10）火药爆炸：指在火药的生产、运输、储藏过程中发生的爆炸事故。

（11）中毒和窒息：指煤气、油气、沥青、化学、一氧化碳中毒等。

（12）其他伤害：包括扭伤、跌伤、冻伤、野兽咬伤等。

以上12种职业伤害事故中，在建设工程领域中最常见的是高处坠落、物体打击、机械伤害、触电、坍塌、中毒、火灾7类。

（二）按生产安全事故造成的人员伤亡或直接经济损失分类

根据中华人民共和国国务院令第493号《生产安全事故报告和调查处理条例》第三条规定：生产安全事故（以下简称事故）造成的人员伤亡或者直接经济损失，事故一般分为以下等级：

（1）特别重大事故：是指造成30人以上的死亡，或者100人以上重伤（包括急性工业中毒，下同），或者1亿元以上直接经济损失的事故；

（2）重大事故：是指造成10人以上30人以下死亡，或者50人以上100人以下重伤，或者5000万元以上1亿元以下直接经济损失的事故；

（3）较大事故：是指造成3人以上10人以下死亡，或者10人以上50人以下重伤，或者1000万元以上5000万元以下直接经济损失的事故；

（4）一般事故：是指造成3人以下死亡，或者10人以下重伤，或者1000万元以下100万元以上直接经济损失的事故。

二、建筑工程安全事故的处理

（一）安全事故处理的原则

根据国家法律法规的要求，在进行安全事故报告和调查处理时，要坚持实事求是、尊重科学的原则。既要及时、准确地查明事故原因，明确事故责任，使责任人受到追究；又要总结经验教训，落实整改和防范措施，防止类似事故再次发生。因此，施工项目一旦发生安全事故，必须实施"四不放过"的原则：

（1）事故原因未查明不放过；

（2）事故责任者和员工未受到教育不放过；

（3）事故责任者未处理不放过；

（4）整改措施未落实不放过。

（二）安全事故报告

安全生产事故报告应当及时、准确、完整，任何单位和个人对事故不得迟报、漏报、谎报或者瞒报。

1. 施工单位事故报告要求

安全生产事故发生后，受伤者或最先发现事故的人员应立即用最快的传递手段，将发生事故的时间、地点、伤亡人数、事故原因等情况，向施工单位负责人报告。施工单位负责人接到报告后，应当在1小时内向事故发生地县级以上人民政府建设主管部门和有关部门报告。

情况紧急时，事故现场有关人员可以直接向事故发生地县级以上人民政府建设主管部门和有关部门报告。

实行施工总承包的建设工程，由总承包单位负责上报事故。

2. 建设主管部门事故报告要求

(1) 建设主管部门接到事故报告后，应当依照下列规定上报事故情况，并通知安全生产监督管理部门、公安机关、劳动保障行政主管部门、工会和人民检察院。

1) 较大事故、重大事故及特别重大事故逐级上报至国务院建设主管部门；

2) 一般事故逐级上报至省、自治区、直辖市人民政府建设主管部门；

3) 建设主管部门依照规定上报事故情况，应当同时报告本级人民政府。国务院建设主管部门接到重大事故和特别重大事故的报告后，应当立即报告国务院。

必要时，建设主管部门可以越级上报事故情况。

(2) 建设主管部门按照规定逐级上报事故情况时，每级上报的时间不得超过2小时。

3. 安全事故报告的内容

(1) 事故发生的时间、地点和工程项目、有关单位的名称；

(2) 事故的简要经过；

(3) 事故已经造成或者可能造成的伤亡人数（包括下落不明的人数）和初步估计的直接经济损失；

(4) 事故的初步原因；

(5) 事故发生后采取的措施及事故控制情况；

(6) 事故报告单位或报告人员；

(7) 其他应当报告的情况。

4. 安全事故报告后出现新情况，以及事故发生之日起30日内伤亡人数发生变化的，应当及时补报。

(三) 安全事故调查

按照要求，事故调查处理应当坚持实事求是、尊重科学的原则，及时、准确地查清事故经过、事故原因和事故损失，查明事故性质，认定事故责任，总结事故教训，提出整改措施，并对事故责任者依法追究责任。

1. 施工单位项目经理和技术、安全、质量等部门人员，会同企业工会进行安全事故调查，并履行下列职责：

(1) 核实事故项目基本情况，包括项目履行法定建设程序情况、参与项目建设活动各方主体履行职责的情况；

(2) 查明事故发生的经过、原因、人员伤亡及直接经济损失，并依据国家有关法律法规和技术标准分析事故的直接原因和间接原因；

(3) 认定事故的性质，明确事故责任单位和责任人员在事故中的责任；

(4) 依照国家有关法律法规对事故的责任单位和责任人员提出处理建议；

(5) 总结事故教训，提出防范和整改措施；

(6) 提交事故调查报告。

2. 事故调查报告的内容

(1) 事故发生单位概况；

(2) 事故发生经过和事故救援情况；

(3) 事故造成的人员伤亡和直接经济损失；

(4) 事故发生的原因和事故性质；

（5）事故责任的认定和对事故责任者的处理建议；

（6）事故防范和整改措施。

事故调查报告应当附具有关证据材料，事故调查组成员应当在事故调查报告上签名。

（四）安全事故处理

1. 施工单位的事故处理

（1）事故现场处理

事故处理是落实"四不放过"原则的核心环节。当事故发生后，事故发生单位应当严格保护事故现场，做好标识，排除险情，采取有效措施抢救伤员和财产，防止事故蔓延扩大。

事故现场是追溯判断发生事故原因和事故责任人责任的客观物质基础。因抢救人员、疏导交通等原因，需要移动现场物件时，应当做出标志，绘制现场简图并做出书面记录，妥善保存现场重要痕迹、物证，有条件的可以拍照或录像。

（2）事故登记

施工现场要建立安全事故登记表，作为安全事故档案，对发生事故人员的姓名、性别、年龄、工种等级，负伤时间、伤害程度、负伤部位及情况、简要经过及原因记录归档。

（3）事故分析记录

施工现场要有安全事故分析记录，对发生轻伤、重伤、死亡、重大设备事故及未遂事故必须按"四不放过"的原则组织分析，查出主要原因，分清责任，提出防范措施，应吸取的教训要记录清楚。

（4）要坚持安全事故月报制度，若当月无事故也要报空表。

2. 建设主管部门的事故处理

（1）建设主管部门应当依据有关人民政府对事故的批复和有关法律法规的规定，对事故相关责任者实施行政处罚。处罚权限不属本级建设主管部门的，应当在收到事故调查报告批复后 15 个工作日内，将事故调查报告（附具有关证据材料）、结案批复、本级建设主管部门对有关责任者的处理建议等传送有权限的建设主管部门。

（2）建设主管部门应当依照有关法律法规的规定，对因降低安全生产条件导致事故发生的施工单位给予暂扣或吊销安全生产许可证的处罚；对事故负有责任的相关单位给予罚款、停业整顿、降低资质等级或吊销资质证书的处罚。

（3）建设主管部门应当依照有关法律法规的规定，对事故发生负有责任的注册执业资格人员给予罚款、停止执业或吊销其注册职业资格证书的处罚。

（五）安全事故统计规定

各部门、各单位都要严格遵守国家安全生产监督管理总局制定的《生产安全事故统计报表制度》（安监总统计【2010】62 号）的规定。全面、如实填报生产安全事故统计报表。对于不报、瞒报、迟报或伪造、篡改数字的要依法追究其责任。

第四节　文明施工与环境保护

文明施工是指保持施工现场良好的作业环境、卫生环境和工作秩序。因此，文明施工也是保护环境的一项重要措施。文明施工主要包括：规范施工现场的场容，保持作业环境的整洁卫生；科学组织施工，使生产有序进行；减少施工对周围居民和环境的影响；遵守施工现场文明施工的规定和要求，保证职工的安全和身体健康。

文明施工可以适应现代化施工的客观要求，有利于员工的身心健康，有利于培养和提高施工队伍的整体素质，促进企业综合管理水平的提高，提高企业的知名度和市场竞争力。

环境保护是按照法律法规、各级主管部门和企业的要求，保护和改善作业现场的环境，控制现场的各种粉尘、废水、废气、固体废弃物、噪声、振动等对环境的污染和危害。环境保护也是文明施工的重要内容之一。

一、文明施工

（一）建筑工程现场文明施工的要求

依据我国相关规定和标准，文明施工的要求主要包括现场围挡、封闭管理、施工场地、材料堆放、现场住宿、现场防火、治安综合治理、施工现场标牌、生活设施、保健急救、社区服务11项内容。总体上应符合以下要求：

（1）有整套的施工组织设计或施工方案，施工总平面布置紧凑，施工场地规划合理，符合环保、市容、卫生的要求；

（2）有健全的施工组织管理机构和指挥系统，岗位分工明确；工序交叉合理，交接责任明确；

（3）有严格的成品保护措施和制度，大小临时设施和各种材料构件、半成品按平面布置堆放整齐；

（4）施工场地平整，道路畅通，排水设施得当，水电线路整齐，机具设备状况良好，使用合理；施工作业符合消防和安全要求；

（5）搞好环境卫生管理，包括施工区、生活区环境卫生和食堂卫生管理；

（6）文明施工应贯穿施工结束后的清场。

实现文明施工，不仅要抓好现场的场容管理，而且还要做好现场材料、机械、安全、技术、保卫、消防和卫生生活等方面的工作。

（二）建设工程现场文明施工的措施

1. 现场大门和围挡设置

（1）施工现场设置钢制大门，大门牢固、美观。高度不宜低于4m，大门上应标有企业标识；

（2）施工现场的围挡必须沿工地四周连续设置，不得有缺口；围挡要坚固、平稳、严密、整洁、美观；

（3）围挡的高度：市区主要路段不宜低于2.5m；一般路段不低于1.8m；

（4）围挡材料应选用砌体、金属板材等硬质材料禁止使用彩条布、竹笆、安全网等易变形材料；

（5）建设工程外侧周边使用密目式安全网（2000目/100cm^2）进行保护。

2. 现场封闭管理

（1）施工现场出入口设专职门卫人员，加强对现场材料、构件、设备的进出监督管理。

（2）为加强对出入现场人员的管理，施工人员应佩戴工作卡以示证明。

（3）根据工程的性质和特点，出入大门口的形式，各企业各地区可按各自的实际情况确定。

3．施工场地

（1）施工现场的主要道路必须进行硬化处理，土方应集中堆放。集中堆放的土方和裸露的场地应采取覆盖、固化或绿化等措施。

（2）现场内各类道路应保持畅通。

（3）施工现场地面应平整，且应有良好的排水系统，保持排水畅通。

（4）制定防止泥浆、污水、废水外流以及堵塞排水管沟和河道的措施，实行二级沉淀、三级排放。

（5）工地应按要求设置吸烟处，有烟缸或水盆，禁止流动吸烟。

（6）现场存放的油料、化学溶剂等易燃易爆物品，应按分类要求放置于设有专门的库房内，地面应进行防渗漏处理。

（7）施工现场地面应经常洒水，对粉尘源进行覆盖或其他有效遮挡。

（8）施工现场长期裸露的土质区域，应进行力所能及的绿化布置，美化环境和防止扬尘现象。

4．现场材料、构件、工具堆放

（1）施工现场的材料、构件、工具必须按施工平面图规定的位置堆放，不得侵占场内道路及安全防护等设施。

（2）各种材料、构件堆放应按品种、分规格整齐堆放，并设置明显标牌。

（3）施工作业区的建筑垃圾不得长期堆放，要随时清理，每天做到工完清场。

（4）易燃易爆物品不能混放，要有集中存放的库房。班组使用的零散易燃易爆物品，必须按有关规定存放。

（5）对于楼梯间、休息平台、阳台临边等地方不得堆放物料。

5．现场生活设施

（1）职工生活设施要符合卫生、安全、通风、照明等要求。

（2）职工的膳食、饮水供应等应符合卫生要求。炊事员必须有卫生防疫部门颁发的体检合格证，要穿白色工作服；生熟食应分别存放；食堂卫生要定期清扫检查。

（3）施工现场应设置符合卫生要求的厕所，有条件的应设置水冲式厕所，并由专人清扫管理。现场应保持卫生，不得随地大小便。

（4）生活区应有满足使用要求的淋浴设施和管理制度。

（5）生活垃圾要及时清理，不能与施工垃圾混放，并设专人管理。

（6）职工宿舍要考虑到季节性的要求，冬季应有保暖、防煤气中毒措施；夏季应有消暑、防虫叮咬措施，保证施工人员的良好睡眠。

（7）宿舍内床铺及各种生活用品放置要整齐，通风良好，并满足安全疏散的要求。

（8）生活设施的周围环境要保持良好的卫生条件，周围道路、院区平整，并要设置垃圾箱和污水池，不得随意乱泼乱倒。

6．现场消防、防火管理

（1）施工现场应根据工程实际情况，订立消防制度或消防措施。

（2）按照不同作业条件和消防有关规定，合理配备消防器材，符合消防要求。消防器材设置点要有明显标志，夜间设置红色警示灯，消防器材应垫高设置，周围2m内不准乱放物品。

（3）当建筑施工高度超过30m（或当地规定）时，为防止单纯依靠消防器材灭火不能满足要求，应配备有足够的消防水源和自救的用水量。扑救电气火灾不得用水，应使用干粉灭火安全措施。

（4）在容易发生火灾的区域施工或储存、使用易燃易爆器材时，必须采取特殊的消防安全措施。

（5）现场动火，必须经有关部门批准，设专人管理。五级风及以上禁止使用明火。

（6）坚决执行现场防火"五不走"的规定，即：交接班不交代不走、用火设备火源不熄灭不走、用电设备不拉闸不走、可燃物不清干净不走、发现险情不报告不走。

7. 施工现场标牌

（1）施工现场的大门口应有整齐明显的"五牌一图"。五牌：工程概况牌、管理人员名单及监督电话牌、消防保卫牌、安全生产牌、文明施工牌；一图：施工现场总平面图。

（2）标牌是施工现场重要标志，内容应有针对性，标牌制作、标挂也应规范整齐，字体工整。

（3）在施工现场的显著位置，设置必要的安全施工内容的标语。

（4）设置读报栏、宣传栏和黑板报等宣传园地，丰富学习内容，表扬好人好事。

8. 保健急救

（1）工地应有保健药箱并备有常用药品，有医生巡回医疗。

（2）临时发生的意外伤害，现场应备有急救器材（如担架等），以便及时抢救。

（3）施工现场应有经培训合格的急救人员，懂得一般的急救处理知识。

（4）为保障作业人员健康，应在流行病易发季节及平时定期开展卫生防病的宣传教育。

9. 社区服务

（1）工地施工不扰民，应针对施工工艺设置防尘和防噪声设施，做到不超标。

（2）夜间施工应有主管部门的批准手续，并做好周围居民和单位的工作。

（3）有毒、有害物质应该按照有关规定进行处理，现场不得焚烧。

（4）现场应建立不扰民措施，有责任人管理和检查。

10. 治安管理

（1）建立现场治安保卫领导小组，有专人管理。

（2）新入场的人员做到及时登记，做到合法用工。

（3）按照治安管理条例和施工现场的治安管理规定搞好各项管理工作。

（4）建立门卫值班管理制度，严禁无证人员和其他闲杂人员进入施工现场。

（三）现场文明施工的检查评定

为推动建筑工地的文明施工，应对现场的文明施工管理情况进行检查、评比，优秀的工地授予文明工地的称号；不合格的工地，令其限期整改，甚至予以适当的经济处罚。文明施工的检查、评比一般是由工程管理部门按文明施工的要求，按其内容的性质分解为场容、材料堆放、住宿、综合治理、防火消防、生活卫生和社区服务等管理分项，逐项检查、评分，最后汇总得出总分。《建筑施工安全检查标准》（JGJ 59—2011）中文明施工检查评分表见表 4-2。

文明施工检查评分表   表 4-2

序号	检查项目	扣分标准	应得分数	扣减分数	实得分数
1	现场围挡	市区主要路段的工地未设置封闭围挡或围挡高度小于 2.5m，扣 5～10 分 一般路段的工地未设置封闭围挡或围挡高度小于 1.8m，扣 5～10 分 围挡未达到坚固、稳定、整洁、美观，扣 5～10 分	10		
2	封闭管理	施工现场进出口未设置大门，扣 10 分 未设置门卫室，扣 5 分 未建立门卫值守管理制度或未配备门卫值守人员，扣 2～6 分 施工人员进入施工现场未佩戴工作卡，扣 2 分 施工现场出入口未标有企业名称或标识，扣 2 分 未设置车辆冲洗设施，扣 3 分	10		
3	施工场地	施工现场主要道路及材料加工区地面未进行硬化处理，扣 5 分 施工现场道路不畅通、路面不平整坚实，扣 5 分 施工现场未采取防尘措施，扣 5 分 施工现场未设置排水设施或排水不通畅、有积水，扣 5 分 未采取防止泥浆、污水、废水污染环境措施，扣 2～10 分 未设置吸烟处、随意吸烟，扣 5 分 温暖季节未进行绿化布置，扣 3 分	10		
4	保证项目 材料管理	建筑材料、构件、料具未按总平面布局码放，扣 4 分 材料码放不整齐，未标明名称、规格，扣 2 分 施工现场材料存放未采取防火、防锈蚀、防雨措施，扣 3～10 分 建筑物内施工垃圾的清运未使用器具或管道运输，扣 5 分 易燃易爆物品未分类储藏在专用库房、未采取防火措施，扣 5～10 分	10		
5	现场办公与住宿	施工作业区、材料存放区与办公、生活区未采取隔离措施，扣 6 分 宿舍、办公用房防火等级不符合有关消防安全技术规范要求，扣 10 分 在施工程、伙房、库房兼作住宿，扣 10 分 宿舍未设置可开启式窗户，扣 4 分 宿舍未设置床铺、床铺超过 2 层或通道宽度小于 0.9m，扣 2～6 分 宿舍人均面积或人员数量不符合规范要求，扣 5 分 冬季宿舍内未采取采暖和防一氧化碳中毒措施，扣 5 分 夏季宿舍内未采取防暑降温和防蚊蝇措施，扣 5 分 生活用品摆放混乱、环境卫生不符合要求，扣 3 分	10		
6	现场防火	施工现场未制定消防安全管理制度、消防措施，扣 10 分 施工现场的临时用房和作业场所的防火设计不符合规范要求，扣 10 分 施工现场消防通道、消防水源的设置不符合规范要求，扣 5～10 分 施工现场灭火器材布局、配置不合理或灭火器材失效，扣 5 分 未办理动火审批手续或未指定动火监护人员，扣 5～10 分	10		
	小计		60		

序号	检查项目		扣分标准	应得分数	扣减分数	实得分数
7		综合治理	生活区未设置供作业人员学习和娱乐场所,扣2分 施工现场未建立治安保卫制度或责任未分解到人,扣3~5分 施工现场未制定治安防范措施,扣5分	10		
8		公示标牌	大门口处设置的公示牌内容不齐全,扣2~8分 标牌不规范、不整齐,扣3分 未设置安全标语,扣3分 未设置宣传栏、读报栏、黑板报,扣2~4分	10		
9	一般项目	生活设施	未建立卫生责任制度,扣5分 食堂与厕所、垃圾站、有毒有害场所的距离不符合规范要求,扣2~6分 食堂未办理卫生许可证或未办理炊事人员健康证,扣5分 食堂使用的燃气罐未单独设置存放间或存放间通风条件不良,扣2~4分 食堂未配备排风、冷藏、消毒、防鼠、防蚊蝇等设施,扣4分 厕所内的设施数量和布局不符合规范要求,扣2~6分 厕所卫生未达到规范要求,扣4分 不能保证现场人员卫生饮水,扣5分 未设置淋浴室或淋浴室不能满足现场人员需求,扣4分 生活垃圾未装容器或未及时清理,扣3~5分	10		
10		社区服务	夜间未经许可施工,扣8分 施工现场焚烧各类废弃物,扣8分 施工现场未制定防粉尘、防噪声、防光污染措施,扣5分 未制定施工不扰民措施,扣5分	10		
		小计		40		
	检查项目合计			100		

二、环境保护

（一）环境保护的内容

工程建设过程中的污染主要包括对施工场地内的污染和对周围环境的污染。对施工场地内的污染防治属于职业健康安全问题,而对周围环境的污染防治是环境保护的问题。

建设工程环境保护内容主要包括:大气污染、水污染、噪声污染的防治,固体废弃物的处理以及文明施工措施等。

（二）环境保护的措施

1. 大气污染的防治措施

（1）施工现场外围设置的围挡不得低于1.8m,以避免或减少污染物向外扩散。

（2）施工现场的主要运输道路必须进行硬化处理。现场应采取覆盖、固化、绿化、洒水等有效措施,做到不泥泞、不扬尘。

（3）应有专人负责环保工作,并配备相应的洒水设备,及时洒水,减少扬尘污染。

（4）对现场有毒有害气体的产生和排放,必须采取有效措施进行严格控制。

（5）对于多层或高层建筑物内的施工垃圾,应采用封闭的专用垃圾道或容器吊运,严禁随意凌空抛洒造成扬尘。现场内还应设置密闭式垃圾站,施工垃圾和生活垃圾分类存放。施工垃圾要及时清运,清运时应尽量洒水或覆盖减少扬尘。

（6）拆除旧建筑物、构筑物时,应配合洒水,减少扬尘污染。

（7）水泥和其他易飞扬的细颗粒散体材料应密闭存放，使用过程中应采取有效的措施防止扬尘。

（8）对于土方、渣土的运输，必须采取封盖措施。现场出入口处设置冲洗车辆的设施，出场时必须将车辆清洗干净，不得将泥沙带出现场。

（9）道路施工铣刨作业时，应采用冲洗等措施，控制扬尘污染。灰土和无机料应采用预拌进场，碾压过程中要洒水降尘。

（10）混凝土搅拌，对于城区内施工，应使用商品混凝土，从而减少搅拌扬尘；在城区外施工，搅拌站应搭设封闭的搅拌棚，搅拌机上应设置喷淋装置（如 JW-1 型搅拌机雾化器）方可施工。

（11）对于现场内的锅炉、茶炉、大灶等，必须设置消烟除尘设备。

（12）在城区、郊区城镇和居民稠密区、风景旅游区、疗养区及国家规定的文物保护区内施工的工程，严禁使用敞口锅熬制沥青。凡进行沥青防潮防水作业时，要使用密闭和带有烟尘处理装置的加热设备。

2. 水污染的防治措施

（1）水污染物的主要来源

1）工业污染源：指各种工业废水向自然水体的排放。

2）生活污染源：主要有食物废渣、粪便、合成洗涤剂、杀虫剂、病原微生物等。

施工现场废水和固体废物随水流流入水体部分，包括泥浆、水泥、油漆、各种油类、混凝土添加剂、重金属、酸碱盐、非金属无机毒物等。

（2）施工过程水污染的防治措施

1）搅拌机前台、混凝土输送泵及运输车辆清洗处应设置沉淀池，废水未经沉淀处理不得直接排入市政污水管网，经二次沉淀后方可排入市政排水管网或回收用于洒水降尘。

2）施工现场现制水磨石作业产生的污水，禁止随地排放。作业时要严格控制污水流向，在合理位置设置沉淀池，经沉淀后方可排入市政污水管网。

3）对于施工现场气焊用的乙炔发生罐产生的污水严禁随地倾倒，要求专用容器集中存放，并倒入沉淀池处理，以免污染环境。

4）现场要设置专用的油漆油料库，并对库房地面作防渗处理，储存、使用及保管要采取措施和专人负责，防止油料泄露而污染土壤水体。

5）施工现场的临时食堂，用餐人数在 100 人以上的，应设置简易有效的隔油池，使产生的污水经过隔油池后再排入市政污水管网。

6）禁止将有害废弃物做土方回填，以免污染地下水和环境。

3. 噪声污染的防治措施

（1）施工噪声的类型

1）机械性噪声，如：柴油打桩机、推土机、挖土机、搅拌机、风钻、风铲、混凝土振动器、木材加工机械等发出的噪声。

2）空气动力性噪声，如：通风机、鼓风机、空气锤打桩机、电锤打桩机、空气压缩机、铆枪等发出的噪声。

3）电磁性噪声，如：发电机、变压器等发出的噪声。

4）爆炸性噪声，如：放炮作业过程中发出的噪声。

（2）施工噪声的处理

1）施工现场的搅拌机、固定式混凝土输送泵、电锯、大型空气压缩机等强噪声机械设备应搭设封闭式机械棚，并尽可能离居民区远一些设置，以减少强噪声的污染。

2）尽量选用低噪声或备有消声降噪设备的机械。

3）凡在居民密集区进行强噪声施工作业时，要严格控制施工作业时间，晚间作业不超过22时，早晨作业不早于6时。特殊情况下需昼夜施工时，应尽量采取降噪措施，并会同建设单位做好周围居民的工作，同时报工地所在地的环保部门备案后方可施工。

4）施工现场要严格控制人为的大声喧哗，增强施工人员防噪声扰民的自觉意识。

5）加强施工现场环境噪声的长期监测，要有专人监测管理，并做好记录。凡超过国家标准《建筑施工场界环境噪声排放标准》（GB 12523—2011）标准的，要及时进行调整，达到施工噪声不扰民的目的，见表4-3。

建筑施工场界环境噪声排放限值 表4-3

昼间	夜间
70	55

4. 固体废物的防治措施

（1）施工现场常见的固体废物

1）建筑渣土：包括砖瓦、碎石、渣土、混凝土碎块、废钢铁、碎玻璃、废屑、废弃装饰材料等；

2）废弃的散装大宗建筑材料：包括水泥、石灰等；

3）生活垃圾：包括炊厨废物、丢弃食品、废纸、生活用具、玻璃、陶瓷碎片、废电池、废日用品、废塑料制品、煤灰渣、废交通工具等；

4）设备、材料等的包装材料；

5）粪便。

（2）固体废物的治理方法

废物处理是指采用物理、化学、生物处理等方法，将废物在自然循环中，加以迅速、有效、无害地分解处理。根据环境科学理论，可将固体废物的治理方法概括为无害化、安定化和减量化三种。

1）无害化（亦称安全化）：是将废物内的生物性或化学性的有害物质，进行无害化或安全化的处理。例如，利用焚化处理的化学法，将微生物杀灭，促使有毒物质氧化或分解。

2）安定化：是指为了防止废物中的有机物质腐化分解，产生臭味或衍生成有害微生物，将此类有机物质通过有效地处理方法，不再继续分解或变化。如，以厌氧型的方法处理生活废物，使其实时产生的甲烷气，使处理后的残余物完全腐化安定，不再发酵腐化分解。

3）减量化：大多废物疏松膨胀、体积大，不但增加运输费用，而且占用堆填处置场地大。减量化废物处理是将固体废物压缩或液体废物浓缩，或将废物无害焚化处理，烧成灰烬，使其体积缩小至1/10以下，以便运输堆填。

（3）固体废物的处理方法

1）物理处理：包括压实浓缩、破碎、分选、脱水干燥等。这种方法可以浓缩或改变固体废物结构，但不破坏固体废物的物理性质。

2）化学处理：包括氧化还原、中和、化学浸出等。这种方法能破坏固体废物中的有害成分，从而达到无害化，或将其转化成适于进一步处理、处置的形态。

3）生物处理：包括好氧处理、厌氧处理等。

4）热处理：包括焚烧、热解、焙烧、烧结等。

5）固化处理：包括水泥固化法和沥青固化法等。

6）回收利用和循环再造：将拆建物料再作为建筑材料利用；做好挖填土方的平衡设计，减少土方外运；重复使用场地围挡、模板、脚手架等物料；将可用的非金属、沥青等物料循环再用。

思 考 题

1. 简述建筑施工安全生产的特点和影响因素。
2. 施工安全技术措施的要求是什么？
3. 安全技术交底的主要内容是什么？
4. 简述安全检查的主要类型和主要内容。
5. 安全帽、安全带和安全网的作用是什么？
6. 简述安全事故按事故造成的人员伤亡或直接经济损失的分类。
7. 安全事故处理的原则是什么？
8. 简述安全事故报告的内容。
9. 简述文明施工和环境保护的含义。
10. 建设工程文明施工的内容是什么？
11. 简述建设工程现场文明施工的措施。
12. 建设工程环境保护的内容是什么？
13. 简述建设工程施工现场环境保护的措施。

第五章 施工组织总设计

【学习重点】 大型建筑工程项目应编制施工组织总设计，主要解决整个工程项目施工的全局问题，对整个项目的施工过程起统筹规划和重点控制的作用。通过本章内容的学习：了解施工组织总设计的作用、编制依据和程序；掌握施工组织总设计的编制方法和具体内容；会编写施工组织总设计中的工程概况、施工部署和施工方法；会编制施工总进度计划和绘制施工总平面图；能阅读和理解施工组织总设计实例。

第一节 施工组织总设计的概念

《建筑施工组织设计规范》GB/T 50502—2009 中对施工组织总设计做了明确定义：就是以若干单位工程组成或特大工程为主要对象编制的施工组织设计，对整个项目的施工过程起统筹规划、重点控制的作用。

施工组织总设计是为解决整个建设项目施工的全局问题的，要求简明扼要，重点突出，要安排好主体工程、辅助工程和公用工程的相互衔接和配套。

一、施工组织总设计的作用

施工组织总设计是施工单位在施工前所编制的用以指导施工的策划设计。该设计针对施工全过程进行总体策划，是指导施工准备工作和组织施工的十分重要的技术、经济文件，是施工所必须遵循的纲领性综合文件，施工组织总设计的主要作用是：

（1）确定施工设计方案的可能性和经济合理性；

（2）为建设单位主管机构编制基本建设规划提供依据；

（3）为施工单位主管部门编制建设安装工程计划提供依据；

（4）为组织物资技术供应提供依据；

（5）保证及时进行施工准备工作；

（6）解决有关建筑生产和生活基地组织或发展的问题。

二、施工组织总设计的编制依据

施工组织总设计是为大中型建设项目或群体建筑施工而进行的规划设计，是一种综观全局的战略性部署，其编制依据应包括：

（1）中标文件及施工总承包合同；

（2）国家（当地政府）批准的基本建设文件；

（3）已经批准的工程设计、工程总概算；

（4）建设区域以及工程场地的有关调查资料，如地形、交通状况、气象统计资料、水文地质资料，物资供应状况、周边环境及社会治安状况等；

（5）国家现行规范、规程、规定以及当地的概算、施工预算定额，与基本建设有关的政策性文件（如税收、投资调控、环境保护，对于物资及施工队伍的市场准入规定等）；

（6）设计单位提交的施工图设计供应计划。

三、施工组织总设计的内容和编制程序

施工组织总设计要从统筹全局的高度对整个工程的施工进行战略部署，因而不仅涉及范围广泛，而且要突出重点，提纲挈领。它是施工单位编制年度计划和单位工程施工组织设计的依据。

（一）施工组织总设计内容

1. 工程概况

（1）介绍工程所在的地理位置、工程规模、结构形式及结构特点、建筑风格及装修标准、电气、给排水、暖通专业的配套内容及特点；

（2）阐述工程的重要程度以及建设单位对工程的要求。分析工程特点，凡涉及与质量和工期有关的部分应予特别强调，以引起管理人员以及作业层在施工中给予特别重视；

（3）介绍当地的气候、交通、水电供应、社会治安状况等情况。

2. 施工部署

包括施工建制及队伍选择、总分包项目划分及相互关系（责任、利益和权利）、所有工程项目的施工顺序、总体资源配置、开工和竣工日期等。

3. 主要工程项目的施工方案。

4. 施工总进度计划。

5. 主要工程的实物工程量、资金工作量计划以及机械、设备、构配件、劳动力、主要材料的分类调配及供应计划。

6. 施工准备工作计划，包括直接为工程施工服务的附属单位以及大型临时设施规划、

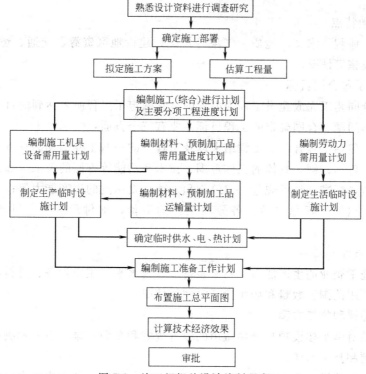

图 5-1　施工组织总设计编制程序

场地平整方案、交通道路规划、雨期排洪、施工排水以及施工用水、用电、供热、动力等的需要计划和供应实施计划。

7. 工程质量、安全生产、消防、环境保护、文明施工、降低工程成本等主要的经济技术指标总的要求。

8. 施工总平面布置图。

（二）施工组织总设计编制程序

施工组织总设计是在工程的初步设计阶段，由工程建设总承包单位负责编制的，编制程序如图5-1所示。

第二节　施工组织总设计的编制方法

一、工程概况

工程概况及特点分析是对整个建设项目的总说明和总分析。是对整个建设项目或建筑群所作的一个简单扼要、突出重点的文字介绍。有时为了补充文字介绍的不足，还可以附有建设项目总平面图，主要建筑物的平、立、剖面示意图及辅助表格。

（一）建设项目与建设场地特点

1. 建设项目特点

包括工程性质、建设地点、建设总规模、总工期、总占地面积、总建筑面积、分期分批投入使用的项目和工期、总投资、主要工种工程量、设备安装及其吨数、建筑安装工程量、生产流程和工艺特点、建筑结构类型、新技术、新材料、新工艺的复杂程度和应用情况等。

2. 建设场地特点

包括地形、地貌、水文、地质、气象等情况；建设地区资源、交通、运输、水、电、劳动力、生活设施等情况。

（二）工程承包合同目标

工程承包合同是以完成建设工程为内容的，它确定了工程所要达到的目标以及和目标相关的所有具体问题。合同确定的工程目标主要有三个方面：

（1）工期：包括工程开始、工程结束以及工程中的一些主要活动的具体日期等；

（2）质量：包括详细、具体的工作范围、技术和功能等方面的要求。如建筑材料、设备、施工等的质量标准、技术规范、建筑面积、项目要达到的生产能力等；

（3）费用：包括工程总造价、各分项工程的造价，支付形式、支付条件和支付时间等。

（三）施工条件

主要包括施工企业的生产能力、技术装备、管理水平、主要设备、材料和特殊物资供应情况；土地征用范围、数量和居民搬迁时间等情况。

二、施工部署和施工方案

施工部署是对整个建设项目全局做出的统筹规划和全面安排，主要解决影响建设项目全局的组织问题和技术问题。

施工部署由于建设项目的性质、规模和施工条件等不同，其内容也有所区别，主要包括：项目经理部的组织结构和人员配备、确定工程开展程序、拟定主要工程项目的施工方案、明确施工任务划分与组织安排、编制施工准备工作计划等。

（一）项目经理部的组织结构和人员配备

绘制项目经理部组织结构图，表明相互之间信息传递和沟通方法；人员的配备数量和岗位职责要求。项目经理部各组成人员的资质要求，应符合国家有关规定。

（二）确定工程开展程序

确定建设项目中各项工程施工的程序合理性是关系到整个建设项目能否顺利完成投入使用的重要问题。

对于一些大中型工业建设项目，一般要根据建设项目总目标的要求，分期分批建设，既可使各具体项目尽快建成，尽早投入使用，又可在全局上实现施工的连续性和均衡性，减少暂设工程数量，降低工程成本。至于分几期施工，各期工程包含哪些项目则需要根据生产工艺的要求。建设部门的要求、工程规模的大小和施工的难易程度、资金、技术等情况由建设单位和施工单位共同研究确定。

对于大中型民用建设项目（如居民小区），一般也应分期分批建设。除考虑住宅以外，还应考虑幼儿园、学校、商店和其他公共设施的建设，以便交付使用后能及早发挥经济效益、社会效益和环境保护效益。

对于小型工业与民用建筑或大型建设项目的某一系统，由于工期较短或生产工艺的要求，也不必分期分批建设，采取一次性建设投产。

在安排各类项目施工时，要保证重点，兼顾其他，其中应优先安排工程量大、施工难度大、工期长的项目；或按生产工艺要求，先期投入生产或起主导作用的工程项目等。

（三）主要工程项目的施工方案

施工组织设计中要拟定一些主要工程项目的施工方案，这与单位工程施工组织设计中的施工方案所要求的内容和深度有所不同。前者相当于设计概算，后者相当于施工图预算。施工组织总设计拟定主要工程项目施工方案的目的是为了进行技术和资源的准备工作，同时也为了能使施工顺利进行和现场的布局合理。它的内容包括施工方法、施工工艺流程、施工机械设备等。

施工方法的确定要考虑技术工艺的先进性和经济上的合理性；对施工机械的选择，应使主导机械的性能既能满足工程的需要，又能发挥其效能。

（四）施工任务的划分与组织安排

在已明确施工项目管理体制、机构的条件下，且在确定了项目经理部领导班子后，划分施工阶段，明确参与建设的各施工单位的施工任务；明确总包单位与分包单位的关系；各施工单位之间协作配合关系；确定各施工单位分期分批的主导项目和穿插施工项目。

（五）编制施工准备工作计划

要提出分期施工的规模、期限和任务分工；提出"三通一平"的完成时间；土地征用，居民拆迁和障碍物的清除工作，要满足开工的要求；按照建筑总平面图做好现场测量控制网；了解和掌握施工图出图计划、设计意图和拟采用的新结构、新材料、新技术、新工艺，并组织进行试验和试制工作；安排编制施工组织设计和研究有关施工技术措施；安排临时工程的设置；组织材料、设备、构件、加工品、机具等的申请、订货、生产和加工工作。

（六）全场临时设施的规划

根据工程开展程序和施工项目施工方案的要求，对施工现场临时设施进行规划，主要内容包括：安排生产和生活性临时设施的建设；安排原材料、成品、半成品、构件的运输和储存方式；安排场地平整方案和全场排水设施；安排场内道路、水、电、气引入方案；安排场地内的测量标志等。

三、施工总进度计划

（一）基本要求

施工总进度计划是施工现场各项施工活动在时间上和空间上的具体体现。编制施工总进度计划是根据施工部署中的施工方案和工程项目开展的程序，对整个工程的所有工程项目做出时间和空间上的安排。其作用在于确定各个建筑物及其主要工程和全工地性工程的施工期限及开、竣工的日期，从而确定建筑施工现场劳动力、材料、成品、半成品、构配件、施工机械的需要数量和调配情况，以及现场临时设施的数量、水电供应数量和能源、交通的需要数量等。因此，正确地编制施工总进度计划是保证各项目以及整个建设工程按期交付使用，充分发挥投资效益，降低建筑工程成本的重要条件。

编制施工总进度计划的基本要求是：保证拟建工程在规定的期限内完成，采用合理的施工方法保证施工的连续性和均衡性，发挥投资效益，节约施工费用。

要根据施工部署中拟建工程分期分批投产的顺序，将每个系统的各项工程分别划出，在控制的期限内进行各项工程的具体安排。如建设项目的规模不大，各系统工程项目不多时，也可不按分期分批投产顺序安排，而直接安排总进度计划。

（二）施工总进度计划的编制依据与原则

1. 施工总进度计划的编制依据

（1）经过审批的建筑总平面图、地质地形图、工艺设计图、设备与基础图、采用的各种标准图集等，以及与扩大初步设计有关的技术资料；

（2）合同工期要求及开、竣工日期；

（3）施工条件、劳动力、材料、构件等供应条件、分包单位情况等；

（4）确定的重要单位工程的施工方案；

（5）劳动定额及其他有关的要求和资料。

2. 施工总进度计划的编制原则

（1）合理安排施工顺序，保证在人力、物力、财力消耗最少的情况下，按规定工期完成施工任务；

（2）采用合理的施工组织方法使建设项目的施工保持连续、均衡、有节奏地进行；

（3）在安排全年度工程任务时，要尽可能按季度均匀分配建设投资。

3. 施工总进度计划的编制内容

施工总进度计划的编制内容一般包括：计算各主要项目的实物工程量，确定各单位工程的施工期限，确定各单位工程开竣工时间和相互搭接关系以及施工总进度计划表的编制。

4. 施工总进度计划的编制步骤

（1）列出工程项目一览表并计算工程量

施工总进度计划主要起控制总工期的作用，因此项目划分不宜过细，可按确定的主要工程项目的开展顺序排列，一些附属项目、辅助工程及临时设施可以合并列出。

在列出工程项目一览表的基础上，计算各主要项目的实物工程量。计算工程量可按初步（或扩大初步）设计图纸并根据各种定额手册进行计算。常用的定额资料有以下几种：

1）万元、十万元投资的工程量、劳动力及材料消耗扩大指标。这种定额规定了某一种结构类型建筑，每万元或十万元投资中劳动力、主要材料等的消耗数量。根据设计图纸中的结构类型，即可计算出拟建工程各分项工程需要的劳动力和主要材料的消耗数量。

2）概算指标或扩大概算定额。查定额时，首先查找与本建筑物结构类型、跨度、高度相类似的部分，然后查出这种建筑物按定额单位所需要的劳动力和各项主要材料消耗量，从而推算出拟计算建筑物所需要的劳动力和材料的消耗数量。

3）标准设计或已建房屋、构筑物的资料。在缺少上述几种定额手册的情况下。可采用与标准设计或已建成的类似房屋实际所消耗的劳动力及材料进行类比，按比例估算。但是，由于和拟建工程完全相同的已建工程是极为少见的，因此，在采用已建工程资料时，一般都要进行折算、调整。

除房屋建筑外，还必须计算主要的、全工地性工程的工程量，如场地平整、铁路及道路和地下管线的长度等，这些可以根据建筑总平面图来计算。

将按上述方法计算的工程量填入统一的工程量汇总表中。如表 5-1 所示。

工程项目工程量汇总表　　　　　　表 5-1

工程项目分类	工程项目名称	结构类型	建筑面积	幢（跨）数	概算投资	主要实物工程量								
						场地平整	土方工程	桩基工程	…	砖石工程	钢筋混凝土工程	…	装饰工程	…
			1000 m²	个	万元	1000 m²	1000 m³	1000 m³		1000 m³	1000 m³		1000m³	
工地性工程														
主体项目														
辅助项目														
永久住宅														
临时建筑														
合　计														

（2）确定各单位工程的施工期限

单位工程的施工期限应根据建设单位要求和施工单位的具体条件（施工技术与施工管理水平、机械化程度、劳动力和材料供应等）及单位工程的建筑结构类型、体积大小和现场地形地质、施工条件、现场环境等因素加以确定。此外，也可参考有关的工期定额来确定各单位工程的施工期限。

（3）确定各单位工程的开工、竣工时间和相互之间的搭接关系

根据施工部署及单位工程施工期限，就可以安排各单位工程的开、竣工时间和相互之间的搭接关系。通常应考虑下列因素：

1）保证重点，兼顾一般。在安排进度时，要分清主次，抓住重点，同时期进行的项目不宜过多，以免分散有限的人力和物力；

2）要满足连续、均衡的施工要求。应尽量使劳动力和材料、施工机械消耗在全工地上，达到均匀，避免出现高峰或低谷，以利于劳动力的调配和材料供应；

3）要满足生产工艺要求，合理安排各个建筑物的施工顺序，以缩短建设周期，尽快发挥投资效益；

4）要全面考虑各种条件的限制。在确定各建筑物施工顺序时，应考虑各种客观条件的限制，如施工单位的施工力量，各种原材料、机械设备的供应情况，设计单位提供图纸的时间，各年度建设投资数量等，对各项建筑物的开工时间和先后顺序予以调整。同时，由于建筑施工受季节、环境影响较大，经常会对某些项目的施工时间提出具体要求，从而对施工的时间和顺序安排产生影响。

（4）安排施工总进度计划。

施工总进度计划可以用横道图和网络图表达。由于施工总进度计划只是起控制性作用，而且施工条件复杂，因此项目划分不必过细。当用横道图表达施工总进度计划时，项目的排列可按施工总体方案所确定的工程展开程序排列。横道图上应表达出各施工项目开竣工时间及其施工持续时间，如表 5-2 所示。

施工总进度计划 表 5-2

序号	工程项目名称	工程量	建筑面积	总工日	施工进度计划					
					××年		××年		××年	

近年来，随着网络技术的推广，采用网络图表达施工总进度计划已经在实践中得到广泛应用。采用时间坐标网络图表达施工总进度计划，比横道图更加直观明了，还可以表达出各施工项目之间的逻辑关系。同时，由于网络图可以应用计算机进行计算和分析，便于对进度计划进行调整、优化、统计资源数量等。

（5）施工总进度计划的调整和修正

施工总进度计划表绘制完成后，将同一时期各项工程的工作量加在一起，用一定的比例画在施工总进度计划的底部，即可得出建设项目工作量的动态曲线。若曲线上存在较大的高峰和低谷，则表明在该时间内各种资源的需求量变化较大，需要调整一些单位工程的施工速度或开竣工时间，以便消除高峰和填平低谷，使各个时期的工作量尽可能达到均衡。

四、施工总平面图

施工总平面图是拟建项目施工场地的总布置图。它是按照施工方案和施工总进度计划的要求，将施工现场的交通道路、材料仓库、附属企业、临时房屋、临时水电管线等做出合理的规划布置，从而正确处理全工地施工期间所需各项设施与永久性建筑以及拟建项目之间的空间关系。

（一）施工总平面图设计的原则

（1）尽量减少施工用地，少占农田，使平面布置紧凑合理；

（2）合理组织运输、减少运输费用，保证运输方便通畅；

（3）施工区域的划分和场地的确定，应符合施工流程要求，尽量减少专业工种和各工程之间的干扰；

（4）充分利用各种永久性建筑物、构筑物和原有设施为施工服务，降低临时设施费用；

（5）各种临时设施应便于生产和生活需要；

（6）满足安全防火、劳动保护、环境保护等要求。

（二）施工总平面图设计的内容

（1）工程项目建筑总平面图上一切地上和地下建筑物、构筑物及其他设施的位置和尺寸。

（2）一切为全工地施工服务的临时设施的布置，包括：

1）施工用地范围，施工用的各种道路；

2）加工厂、搅拌站及有关机械的位置；

3）各种建筑材料、构件、半成品的仓库和堆场，取土弃土位置；

4）行政管理用房、宿舍、文化生活和福利设施等；

5）水源、电源、变压器位置，临时给排水管线和供电、动力设施；

6）机械站、车库位置；

7）安全、消防设施等。

（3）永久性测量放线标桩位置。许多规模巨大的建设项目，其建设工期往往很长。随着工程的进展，施工现场的面貌将不断改变。在这种情况下，应设置永久性的测量放线标桩位置，或按不同阶段分别绘制若干张施工总平面图，或根据工地的实际变化情况，及时对施工总平面图进行调整和修正，以便适应不同时期的需要。

（三）施工总平面图的设计方法

1. 场外交通的引入

设计全工地性施工总平面图时，首先应从大宗材料、成品、半成品、设备等进入工地的运输方式入手。当大批材料由铁路运来时，首先要解决铁路的引入问题；当大批材料是由水路运来时，应首先考虑原有码头的运输能力和是否增设专用码头的问题；当大批材料是由公路运入工地时，由于汽车线路可以灵活布置，因此，一般先布置场内仓库和加工厂，然后再引入场外交通。

2. 仓库与材料堆场的布置

通常考虑设置在运输方便、位置适中、运距较短及安全防火的地方，并应根据不同材料、设备和运输方式来设置。

（1）当采用铁路运输时，仓库应沿铁路线布置，并且要有足够的装卸作业面。如果没有足够的装卸作业面，必须在附近设置转运仓库。布置铁路沿线仓库时，应将仓库设置在靠近工地一侧，避免运输跨越铁路。同时仓库不宜设置在弯道或坡道上。

（2）当采用水路运输时，一般应在码头附近设置转运仓库，以缩短船只在码头上的停留时间。

（3）当采用公路运输时，仓库的布置较灵活。一般中心仓库布置在工地中央或靠近使用的地方，也可以布置在靠近与外部交通连接处。水泥、砂、石、木材等仓库或堆场宜布置在搅拌站、预制场和加工厂附近；砖、预制构件等应该直接布置在施工项目附近，避免二次搬运。工业项目建筑工地还应考虑主要设备的仓库或堆场，一般较重设备应尽量放在车间附近，其他设备可布置在外围空地上。

3. 加工厂和搅拌站的布置

各种加工厂布置，应以方便使用、安全防火、运输费用少、不影响建筑安装工程施工的正常进行为原则。一般应将加工厂与相应的仓库或材料堆场布置在同一地区，且多处于工地边缘。

(1) 预制加工厂，尽量利用建设地区永久性加工厂，只有在运输困难时，才考虑现场设置预制加工厂，一般设置在建设场地空闲地带上。

(2) 钢筋加工厂，一般采用分散或集中布置。对于需要进行冷加工、对焊、点焊的钢筋或大片钢筋网，宜集中布置在中心加工厂；对于小型加工件，利用简单机具成型的钢筋加工，宜分散在钢筋加工棚中进行。

(3) 木材加工厂，应视木材加工的工作量、加工性质和种类决定是集中设置还是分散设置。

(4) 混凝土供应站，根据城市管理条例的规定，并结合工程所在地点的情况，可选择两种：有条件的地区，尽可能采用商品混凝土供应方式；若不具备商品混凝土供应的地区，且现浇混凝土量大时，宜在工地设置搅拌站；当运输条件好时，宜采用集中搅拌为好；当运输条件较差时，宜采用分散搅拌。

(5) 砂浆搅拌站，宜采用分散就近布置。

(6) 金属结构、锻工、电焊和机修等车间，由于它们在生产上联系密切，应尽可能布置在一起。

4. 场内道路的布置

根据各加工厂、仓库及各施工对象的相对位置，考虑货物运转，区分主要道路和次要道路，进行道路的规划。

(1) 合理规划临时道路与地下管网的施工程序。应充分利用拟建的永久性道路，提前修建永久性道路或先修路基和简易路面，作为施工所需的临时道路，以达到节约投资的目的。

(2) 保证运输畅通。应采用环形布置，主要道路宜采用双车道，宽度不小于 6m，次要道路宜采用单车道，宽度不小于 3.5m。

(3) 选择合理的路面结构。根据运输情况和运输工具的不同类型而定，一般场外与省、市公路相连的干线，宜建成混凝土路面；场区内的干线，宜采用碎石级配路面；场内支线一般为砂石路面。

5. 临时设施布置

临时设施包括：办公室、汽车库、休息室、开水房、食堂、俱乐部、厕所、浴室等。根据工地施工人数，可计算临时设施的建筑面积。应尽量利用原有建筑物，不足部分另行建造。

一般全工地性行政管理用房宜设在工地入口处，以便对外联系；也可设在工地中间，便于工地管理。工人用的福利设施应设置在工人较集中的地方，或工人必经之处。生活区应设在场外，距工地 500～1000m 为宜。食堂可布置在工地内部或工地与生活区之间。临时设施的设计，应以经济、适用、拆装方便为原则，并根据当地的气候条件、工期长短确定其结构形式。

6. 临时水电管网及其他动力设施的布置

当有可以利用的水源、电源时，可以将水、电直接接入工地。临时的总变电站应设置在高压电引入处，不应放在工地中心。临时水池应放在地势较高处。

当无法利用现有水、电时，为获得电源，可在工地中心或附近设置临时发电设备；为获得水源，可利用地下水或地上水设置临时供水设备（水塔、水池）。施工现场供水管网有环状、枝状和混合式三种形式。过冬的临时水管必须埋在冰冻线以下或采取保温措施。

消防栓应设置在易燃建筑物附近，并有通畅的出口和车道，其宽度不小于 6m，与拟建房屋的距离不得大于 25m，也不得小于 5m，消防栓间距不应大于 100m，到路边的距离不应大于 2m。

临时配电线路的布置与供水管网相似。工地电力网，一般 3～10kV 的高压线采用环状，沿主干道布置；380/220V 低压线采用枝状布置。通常采用架空布置方式，距路面或建筑物不小于 6m。

上述布置应采用标准图例绘制在总平面图上，比例为 1：1000 或 1：2000。上述各设计步骤不是独立的，而是相互联系、相互制约的，需要综合考虑、反复修改才能确定下来。若有几种方案时，应进行方案比较。

第三节　施工组织总设计实例

一、工程概况

1. 房屋建筑概况：本工程为某开发区政府限价房新建工程，属群体工程。各单位工程的设计概况见表 5-3 所示，施工现场总平面如图 5-2 所示。

2. 地下室及地质情况。表 5-3 中所列有地下室的建筑物，其基底标高为：内浇外砌结构－4.30m，内浇外挂结构－4.70m，全现浇结构－7.50m，无地下水。

建筑项目一览表　　　　　　　　　　　　　　　　表 5-3

编号	工程类别	结构类型	层数	建筑面积(m²)	栋数	建筑物编号	备注
1	住宅	框架结构	6	4047	2	1,3	
2	住宅	框架结构	6	4135	3	2,4,7	有地下室
3	住宅	框架结构	6	2700	1	5	
4	住宅	框架结构	6	3195	1	6	
5	住宅	框剪结构	16	13656	3	8,9,10	有地下室
6	住宅	框架结构	7	7000	3	11,12,13	有地下室
7	住宅	框架结构	8	8368	3	14,15,16	有地下室
8	青年公寓	框架结构	14	12600	1	17	有地下室
9	小学	砌体结构	3	2400	1	18	
10	幼儿园	砌体结构	2	1000	1	19	
11	澡堂,理发馆	砌体结构	2	600	1	20	
12	饮食店	砌体结构	2	700	1	21	
13	副食店	砌体结构	2	720	1	22	
14	粮店	砌体结构	2	1400	1	23	
15	锅炉房	砌体结构	1	1100	1	24	
16	配电	砌体结构	1	100	1	25	

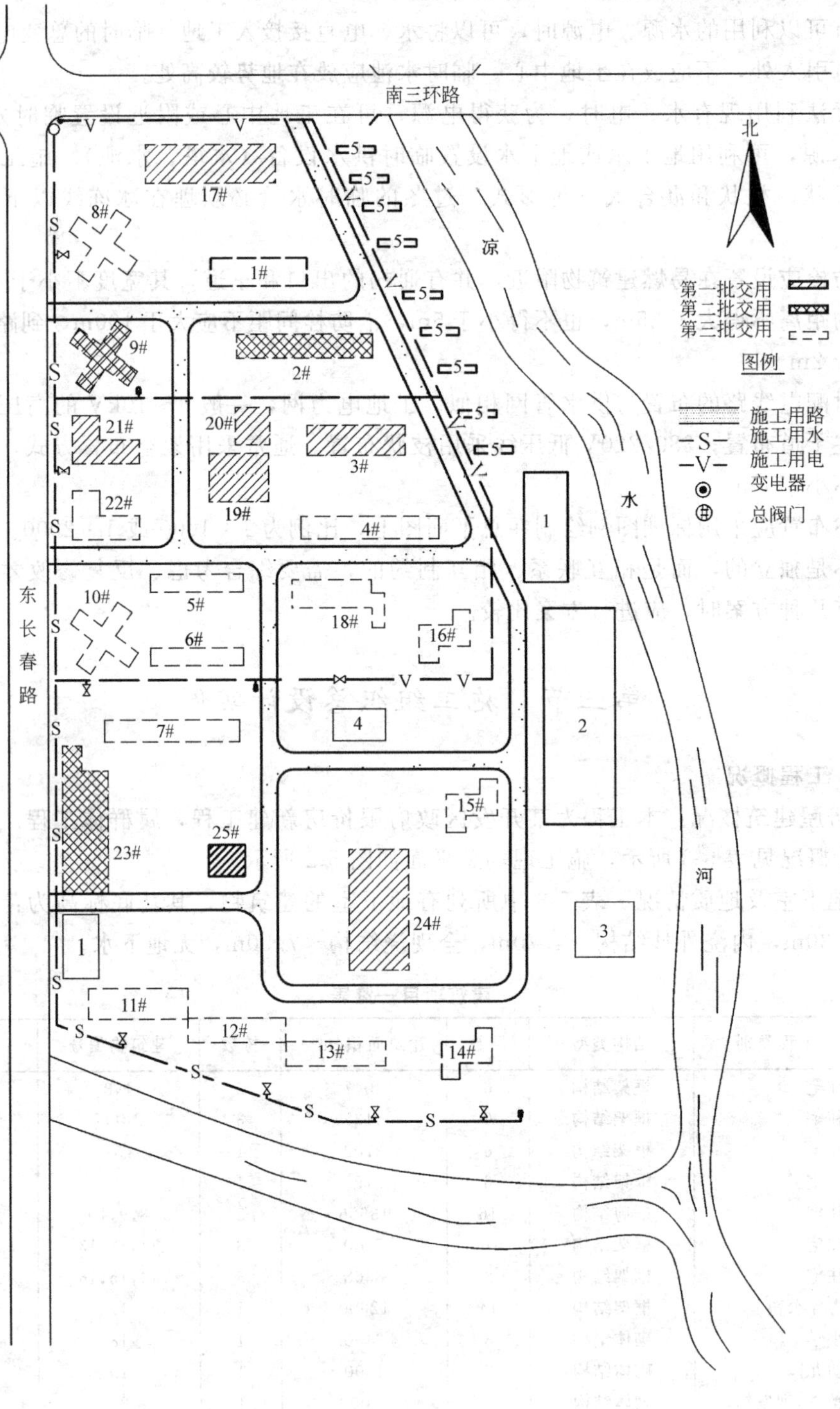

图 5-2 施工总平面图

1—工地办公用房；2—钢筋加工、材料堆放棚；3—料具房；4—搅拌站；5—施工生活区

3. 水、电等情况。场地下设污水管和排雨水管；上水管自北侧路来，各楼层设高位水箱；变电室位于建设区南端，采用电杆架线供电，沿小区内道路通向各建筑物。

4. 承包合同的有关条款

(1) 总工期：2001年5月开工，到2004年5月全部竣工。

(2) 分期交付要求：2002年10月1日交付第一批（3#、4#、17#、18#、19#、21#、24#、25#楼），2004年2月底交第二批工程（2#、9#、22#、23#楼），其余工程2004年5月完工。

(3) 奖罚：以实际交用条件为项目竣工，按单位建筑面积计算，按国家工期定额，每提前一天奖励工程造价的1‰，每拖后一天按相应规定罚款。

(4) 拆迁要求：影响各栋号施工的障碍物须在工程施工之前全部动迁完毕，如果拆迁工作不能按期完成，则工期相应顺延。

二、施工部署

(一) 主要施工程序

1. 本施工区域内调入第一、第二两个施工队施工，其场地以4#楼与5#楼中间为界。

2. 每个施工队保持两条流水线：

1) 一队的1—1流水线施工框架结构，顺序为4#、3#、2#、1#楼。

2) 一队的1—2流水先施工17#、19#、21#、22#楼，然后转入全现浇高层框架结构的9#、8#楼，最后转入20#楼。

3) 二队的2—1流水线施工砌体结构，其顺序为18#、23#、24#、25#楼，然后转入5#、6#、7#楼。

4) 二队的2—2流水线先施工高层10#楼，然后转入内浇外挂的框架结构11～16#楼。

(二) 主要工程项目的施工方法和施工机械

1. 单层及二层砌体结构采用平台脚手架砌筑，汽车安装层面梁、板，屋面梁、板，屋面配卷扬机进行垂直运输，外装修采用双排铜管架。

2. 三～六层砌体结构采用平台脚手架，QT60/80塔吊垂直运输，外装修采用桥式架。

3. 内浇外挂框架结构高层建筑垂直运输采用QT60/80超高塔吊，每条流水线装配塔吊2台。大模板配备型号、数量按具体栋号而定。

4. 全现浇框架结构高层结构墙体采用钢大模（专门设计），外架子采用三角架悬挂操作台。楼板采用双钢筋叠合板，板下支撑配备4层的量。垂直运输采用一台200t·m的大型塔吊，每层分五段流水。

5. 地下室底板采用商品混凝土泵送。立墙采用组合钢模加木方子。人工支、拆模板，不用吊车。墙体混凝土也用泵送，预制叠合板用汽车吊装。

6. 外装修采用吊篮架，垂直运输采用高车架（每栋一台），全现浇高层住宅另配外用电梯一台。

三、施工总进度计划

主要建筑物的三工序——基础、结构、装修所需工期的统计结果见表。根据各主要工序安排总进度计划见表5-4。

四、各种资源需要量计划

1. 塔吊流转计划：每条流水线尽量使用固定塔吊，但是由于施工条件不同，对于不

工　序	14 层框架/月	16 层框剪/月	6 层框架/月
基础	3	4	1(地下室＋2月)
结构	4	6	3
装修	5	5	4

能满足塔吊起吊高度者，应适当进行调整，见表 5-5，共需 4 台 TQ60/80 塔吊，1 台 QTZ200 塔吊。

塔吊流转计划　　　　　　　　　　　　　　　　表 5-5

序号	流水线	塔吊编号	2001	2002	2003	2004
			5 6 7 8 9 10 11 12	1 2 3 4 5 6 7 8 9 10 11 12	1 2 3 4 5 6 7 8 9 10 11 12	1 2 3 4 5
1	1—1	QT60/80-1#	4#　　3#	2#	1#	
2	1—2	QT60/80-2#3#	17#　19#	21#　22#　9#	8#　20#	
3	2—1	QT60/80-4#	24#　25#	18#　23#　7#	6#　5#	
4	2—2	QTZ200	10#	11#　12#　13#　14#	15#　16#	

2. 小型机械配备见表 5-6。

小型机械需用量　　　　　　　　　　　　　　　表 5-6

流水线	搅拌机（台）	砂浆机（台）	电焊机（台）
1—1	1	1	4
1—2	3	1	4
2—1	1	1	4
2—2	3	1	4
小计	8	4	16

3. 模具和脚手架配备见表 5-7。

模具和脚手架需用表　　　　　　　　　　　　　表 5-7

名　称	工具类别	流水线编号 1—1	1—2	2—1	2—2	合　计	备　注
脚手架	桥式架			1		2	
	平台架			1		2	
	插口架	1				1	两线共用
	吊篮架	1	1		1	2	
	钢管架		1			1	
	现浇挂架			1		1	两线共用
模板	内墙大模	1	1		2		
	现浇大模			1		1	两线共用
	地下室模板			1	1	3	
	地下室模板支撑	1	1	1	1	1	两线共用
高车架		2	2	2	2	8	
外用电梯				1	2	3	

4. 主要原材料耗量按照每种结构体系单位面积的消耗量估算，然后计算平均日耗量，见表5-8。

主要材料消耗量 表5-8

名　　　称	总　耗　量	平　均　日　耗
钢材(t)	2655	3.8
木材(m³)	4360	6.2
水泥(t)	19230	27.5
砖(m³)	15635	22.3
砂(m³)	22840	32.6
石(m³)	25655	36.7
陶粒(m³)	8000	11.4

5. 半成品需要量见表5-9。

门窗、构件和商品混凝土需要量 表5-9

名　　　称	单　位　用　量	建筑面积(m²)	总　用　量
壁板	0.2m³/m²	46086	9217m³
楼板	0.11m³/m²	100000	11000m³
门窗	0.12樘/m²	134000	16080樘
商品混凝土			2500m³
叠合板	0.06m³/m²	40000	2400m³

6. 按照流水线劳动力计划安排见表5-10。

劳动力变化曲线 表5-10

工　序	流水线	人数	2001								2002												2003												2004				
			5	6	7	8	9	10	11	12	1	2	3	4	5	6	7	8	9	10	11	12	1	2	3	4	5	6	7	8	9	10	11	12	1	2	3	4	5
基础	1—1	20																																						
	1—2	30																																						
	2—1	30																																						
	2—2	40																																						
结构	1—1	40																																						
	1—2	70																																						
	2—1	40																																						
	2—2	40																																						
装修	1—1	60																																						
	1—2	60																																						
	2—1	60																																						
	2—2	60																																						
管道		60																																						
电气		40																																						
小计		650	120	220	220	220	300	410	410	470	650	650	650	650	650	620	600	570	530	530	530	530	530	530	530	530	460	420	380	380	340	340	340	340	340	340	340	340	340

劳动力变化曲线

五、施工总平面图

施工总平面图与建筑总平面图在一起，如图 5-2 所示。

1. 施工用水、用电量均按需要经计算确定；

2. 施工时注意保持场内竖向设计的坡度，在基础挖土阶段防止泡槽；临时设施需用量计算，根据最高峰劳动力 650 人，每人 $4m^2$ 计算，考虑到住宿在施工现场的工人占 50%，需建临时设施 $1300m^2$。

思 考 题

1. 什么是施工组织总设计？

2. 简述施工组织总设计的作用？

3. 施工组织总设计的编制依据？

4. 施工组织总设计的内容和编制程序。

5. 施工总平面图的内容和设计方法？

6. 施工组织总设计中的工程概况包括哪些内容？

7. 在施工部署中应解决什么问题？

8. 施工总进度计划的编制原则和内容。

第六章　单位工程施工组织设计

【学习重点】　单位（子单位）工程应编制单位工程施工组织设计，解决好各工序、各工种之间的衔接配合，合理组织平行流水和交叉施工。通过本章内容的学习：掌握单位工程施工组织设计的编制方法和具体内容；会编写单位工程施工组织设计中的工程概况、施工部署和施工方案；会编制施工进度计划和绘制施工平面图；能阅读和理解单位工程施工组织设计实例。

第一节　单位工程施工组织设计概念

《建筑施工组织设计规范》GB/T 50502—2009中对单位工程施工组织设计的概念进行了明确的定义：就是以单位（子单位）工程为主要对象编制的施工组织设计，对单位（子单位）工程的施工过程起指导和制约作用。

单位（子单位）工程的施工组织设计是为具体指导施工服务的，要具体明确，要解决好各工序、各工种之间的衔接配合，合理组织平行流水和交叉作业，以提高施工效率。施工条件发生变化时，施工组织设计须及时修改和补充，以便继续执行。

单位工程施工组织设计一般由施工单位的工程项目主管工程师负责，在工程开工前编制完成，并根据工程项目的大小，报公司总工程师审批或备案。作为工程施工技术资料准备工作的重要内容和关键成果，应经承担该工程施工监理的监理单位授权的项目总监理工程师审查批准后方可实施。

一、单位工程施工组织设计的作用

如果施工对象是一个单位工程，则用以指导该单位工程施工全过程各项活动的技术、经济文件称为单位工程施工组织设计。其主要作用是：

（1）针对单位工程的施工所做的详细部署和计划，是施工单位编制季度、月份和分部（分项）工程作业设计的依据；

（2）为单位工程施工的工序穿插交接、总工期及分段工期、工艺标准、质量目标、安全生产、文明施工、节约材料、降低成本等各项经济技术指标的实现提出了明确的要求和措施；

（3）对施工单位实现科学的生产管理，保证工程质量，节约资源及降低工程成本等起着十分重要的作用；

（4）规划了为实现上述目标和措施所必须的运行机制、个人责任、奖罚细则等。

二、单位工程施工组织设计的依据

单位工程施工组织设计编制依据，主要有以下几个方面：

（1）建设单位（业主）对工程的要求和所签订施工承包合同中约定的开、竣工日期、质量等级、技术要求、验收办法等；

（2）经过会审的施工图、标准图及图纸会审记录；

（3）施工现场资料和信息：如地形、地质、地上地下障碍物、水准点、气象、交通运输、水、电等；

（4）国家及建设地区现行的有关规定。如：施工验收规范、安全操作规程、质量评定标准等文件；

（5）施工组织总设计。如果单位工程是建设项目的一个组成部分时，必须按施工组织总设计的有关内容及要求编制；

（6）工程施工预算及有关劳动定额应有详细的分部分项的工程量，必要时应有分层、分段的工程量及劳动定额；

（7）建设单位可能提供的条件。如供水、供电、施工道路、施工场地及临时设施等条件；

（8）施工单位的生产能力及本地区劳动力、资源的分布状况。

三、单位工程施工组织设计的内容和编制程序

（一）单位工程施工组织设计内容

单位工程施工组织设计应根据拟建工程的性质、特点及规模不同，同时考虑到施工要求及条件进行编制、设计，必须真正起到指导现场施工的作用。一般包括下列内容：

1. 工程概况

主要包括工程建设特点、建筑场地特征、施工条件、建筑设计、结构设计、上级有关文件或要求等。

2. 施工方案和施工方法

包括确定总的施工顺序及确定施工流向，主要分部分项工程的划分及其施工方法的选择、施工段的划分、施工机械的选择、技术组织措施的拟定等。

3. 施工进度计划

施工进度计划主要包括划分施工过程和计算工程量、劳动量、机械台班量、施工班组人数、每天工作班次、工作持续时间，以及确定分部分项工程（施工过程）施工顺序及搭接关系、绘制施工进度计划表等。

4. 施工准备工作计划

施工准备工作计划主要包括施工前的技术准备、现场准备、机械设备、工具、材料、构件和半成品构件的准备，并编制准备工作计划表。

5. 资源需用量计划

资源需用量计划包括材料需用量计划、劳动力需用量计划、构件及半成品构件需用量计划、机械需用量计划、运输量计划等。

6. 施工平面图

施工平面图主要包括施工所需机械位置的安排、临时加工场地、材料、构件仓库与堆场的布置及临时水网电网、临时道路、临时设施用房的布置等。

7. 主要技术组织措施

主要包括各项技术措施，质量、安全措施，降低成本和现场文明施工措施等。

8. 技术经济指标分析

技术经济指标分析主要包括工期指标、质量指标、安全指标、降低成本和节约材料指

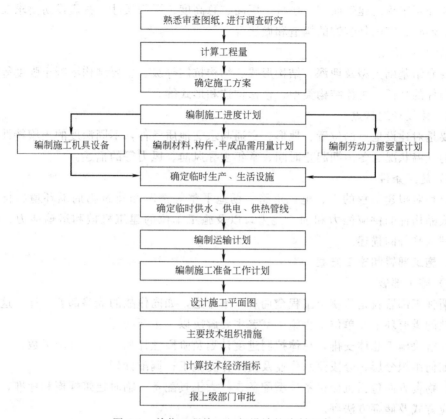

图 6-1 单位工程施工组织设计的编制程序

标等。

（二）单位工程施工组织设计的编制程序

单位工程施工组织设计的编制程序是指在施工组织设计编制过程中应遵循的编制内容、其先后顺序及其相互制约的关系。根据工程的特点和施工条件的不同，其编制程序繁简不一，一般单位工程施工组织设计较为合理的编制程序，如图6-1所示。

第二节　单位工程施工组织的编制方法

一、工程概况

单位工程施工组织设计工程概况，是对拟建工程的特点、建设地区特点、施工环境及施工条件等所作的简洁明了的文字描述。在描述时也可加入拟建工程的平面图、剖面图及表格进行补充说明。通过对建筑结构特点、建设地点特征、施工条件的描述，能找出施工中的关键问题，以便为选择施工方案、组织物资供应和配备技术力量提供依据。

（一）工程建设

主要包括拟建工程的建设单位、工程名称、性质、用途、资金来源以及造价、开竣工日期、设计单位、监理单位、施工单位、协作单位、施工图（是否齐全，是否通过会审等）、施工承包合同及主管部门的有关文件等。

（二）建筑特点

主要介绍工程的建筑面积、层数、层高、总高度、平面尺寸、抗震设防要求及平面组合形式、形状、室内外装饰的构造和做法等。

（三）结构特点

主要介绍基础类型及埋深、结构形式、结构抗震等级、主要结构混凝土强度等级、特殊结构构件的特征、主体结构类型、楼梯构造和形式等。

（四）建设场地特点

主要是对建设地点的位置、地形、交通与水文地质条件，不同深度的土壤特性分析及对当地的气温状况、冬雨期起止时间、常年主导风向、风力等的描述。

（五）施工条件

主要是对拟建工程的水、电、道路、场地平整等情况和建筑物周围环境、材料、构件、半成品构件的供应能力和加工能力，以及施工单位的建筑机械和运输能力、施工技术、管理水平等的描述。

二、施工部署和施工方案

（一）施工部署

所谓施工部署就是从整个工程全局观点来考虑，如同作战的战略部署一样，这是施工中决策性的重要环节。单位工程施工部署主要解决以下主要问题：

（1）解决施工总体安排，总体控制进度计划及阶段性计划，施工日历天数，施工工艺流程，如何组织分层、分段流水作业及交叉作业施工；调配计划。

（2）物资方面包括机械设备选型配备、三大工具配备、临时建筑规模和标准、主材的采购供应方式及储存方法等。

（3）准备工作计划，特别是施工现场准备，如施工必须的生产及生活临建、机械设备的配备、调转及进场安装等。

（二）施工方案

施工方案是单位工程施工组织设计的核心内容，施工方案选择是否合理，将直接影响到工程的施工质量、施工速度、工程造价及企业的经济效益，故必须引起足够的重视。因此，我们必须在若干个初步方案的基础上进行认真分析比较，力求选择一个最经济、最合理的施工方案。

施工方案的选择包括以下五方面的内容：确定施工顺序和施工流向；流水工作段的划分；施工方法的选择；施工机械设备的选用；施工技术组织措施的拟定等。

在选择施工方案时，为了防止所选择的施工方案可能出现的片面性，应多考虑几个方案，从技术、经济的角度进行比较，最后择优选用。

1. 施工顺序的确定

施工顺序是指单位工程中各分部工程或各分项工程的先后顺序及其制约关系，它体现了施工步骤上的规律性。在组织施工时，应根据不同阶段，不同的工作内容，按其固有的、不可违背的先后次序展开。这对保证工程质量，保证工期，提高生产效益均有很大的作用。通常工程特点、施工条件、使用要求等对施工顺序会产生较大的影响。安排合理的施工顺序应考虑以下几点：

（1）遵守"先地下，后地上"、"先土建，后设备"、"先主体，后围护"、"先结构，后装饰"的原则。

"先地下，后地上"是指在地上工程开始之前，尽量完成地下管道、管线、地下土方及设施的工程，这样可以避免造成给地上部分施工带来干扰和不便。

"先土建，后设备"是指不论工业建筑还是民用建筑，水、暖、电等设备的施工一般都在土建施工之后进行。但对于工业建筑中的设备安装工程，则应取决于工业建筑的种类，一般小设备是在土建之后进行；大的设备则是先设备后土建，如发电机主厂房等，这一点在确定施工顺序时应该特别注意。

"先主体，后围护"是指先进行主体结构施工，然后进行围护工程施工。对于多、高层框架结构而言，为加快施工速度，节约工期，主体工程和围护工程也可采用少搭接或部分搭接的方式进行施工。

"先结构，后装饰"是指先进行主体结构施工，后进行装饰工程的施工。

由于影响工程施工的因素是非常多的，所以施工顺序亦不是一成不变的。随着科学技术的发展，新的施工方法和施工技术也会出现，其施工顺序也将会发生一定的改变，这不仅可以保证工程质量，而且也能加快施工速度。例如，在高层建筑施工时，可使地下与地上部分同时进行施工（逆作法）。

（2）合理安排土建施工与设备安装的施工顺序

随着建筑业的发展，设备安装与土建施工的顺序变得越来越复杂起来，特别是一些大型厂房的施工，除了要完成土建工程之外，还要同时完成较复杂的工艺设备、机械及各类工业管道的安装等。如何安排好土建施工与设备安装的施工顺序，一般来讲有以下三种方式：

1）"封闭式"施工顺序，指的是土建主体结构完工以后，再进行设备安装的施工顺序。这种施工顺序，能保证设备及设备基础在室内进行施工，不受气候影响，也可以利用已建好的设备（如厂房吊车等）为设备安装服务。但这种施工顺序可能会造成部分施工工作的重复进行，如部分柱基础土方的重复挖填和运输道路的重复铺设，也可能会由于场地受限制造成施工困难和不便。故这种施工顺序通常使用于设备基础较小、各类管道埋置较浅、设备基础施工不会影响到柱基的情况。

2）"敞开式"施工顺序，指的是先进行工艺机械设备的安装，然后进行土建工程的施工。这种施工顺序通常适用于设备基础较大，且基础埋置较深，设备基础的施工将影响到厂房柱基的情况。其优缺点正好与"封闭式"施工顺序相反。

3）设备安装与土建施工同时进行，这样土建工程可为设备安装工程创造必要的条件，同时又采取了防止设备被砂浆、垃圾等污染的保护措施，从而加快了工程进度。例如，在建造水泥厂时，经济效果较好的顺序是两者同时进行。

2. 确定施工流向及施工过程（分项工程）的先后顺序

（1）确定施工流向

施工流向指的是单位工程在平面上或空间上施工的开始部位及其展开的方向。对单层建筑物来讲，仅确定在平面上施工的起点和施工流向；对多、高层建筑物，除了确定每层平面上的起点和流向外，还需确定在竖向上施工的起点和流向。

确定单位工程施工流向时，应考虑如下因素：

1）考虑车间的生产工艺流程及使用要求

图 6-2 所表示的是一个多跨单层装配式工业厂房，其生产工艺顺序如图上的罗马数字

所表示。从施工的角度来看，从厂房的任何一端开始施工都是可行的，但是按照生产工艺顺序来进行施工，不但可以保证设备安装工程分期进行，缩短工期，而且可提早投产，充分发挥建设投资效果。

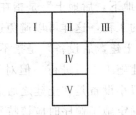

图 6-2　多跨单层工业厂房施工顺序图

2）考虑单位工程的繁简程度和施工过程之间的关系

一般是技术复杂、施工进度慢、工期长的区段和部位先行施工。例如：高层现浇钢筋混凝土结构房屋，主楼部分先施工，裙楼部分后施工。

3）考虑房屋高低层和高低跨

当房屋有高低层或高低跨时，应从高低层或高低跨并列处开始。例如：在高低跨并列的单层工业厂房结构安装中，应先从高低跨并列处开始吊装；如在高低层并列的多层建筑中，层数多的区段先施工。

4）考虑施工方法的要求

施工流向应按所选的施工方法及所制定的施工组织要求进行安排。如一幢高层建筑物若采用顺作法施工地下两层结构，其施工流程为：测量定位放线→底板施工→拆第二道支撑→地下两层施工→拆第一道支撑→±0.000 标高结构层施工→上部结构施工。若采用逆作法施工地下两层结构，其施工流程为：测量定位放线→地下连续墙施工→±0.000 标高结构层施工→地下两层结构施工，同时进行地层结构施工→底板施工并做各层柱，完成地下施工→完成上部结构。又如：在结构吊装工程中，采用分件吊装法时，其施工流向不同于综合吊装法的施工流向；同样，工程设计人员的要求不同，也会使得其施工流向不同。

5）考虑工程现场施工条件

施工场地的大小、道路布置和施工方案中采用的施工机械也是确定施工流向的主要因素。如土方工程，在边开挖边余土外运时，则施工流向起点应确定在离道路远的部位开始，并应按由远及近的方向进行。

6）考虑分部分项工程的特点及相互关系

分部分项工程不同，相互关系不同，其施工流向也不相同。特别是在确定竖向与平面组合的施工流向时，尤其显得重要。例如在多高层建筑室内装饰中，根据装饰工程的工期、质量、安全使用要求，以及施工条件，其施工起点流向一般有自上而下、自下而上及从中而下再自上而中三种：

（A）室内装饰工程自上而下的施工流向，是指在主体结构工程封顶，做好屋面防水层后，从顶层开始，逐层向下进行，其施工流向如图 6-3 所示，有水平向下和垂直向下两种情况，水平向下的流向较多。

这种施工流向的优点是主体结构完成后再进行装修，有一定的沉降时间，这样能保证装饰工程的质量；同时做好屋面防水层后，可防止在雨期施工时，因雨水渗漏而影响到装饰工程的质量；且自上而下流水施工，各工序之间交叉少，便于组织施工，清理垃圾，保证安全文明施工。其缺点是不能与主体工程施工进行搭接，工期长。

（B）室内装饰工程自下而上的施工流向，是指当主体结构工程的砖墙砌到 2～3 层以上时，装饰工程可从一层开始，逐层向上进行的施工流向。其施工流向如图 6-4 所示，有

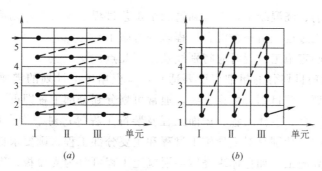

图 6-3 室内装修工程自上而下流向图

(*a*) 水平向下；(*b*) 垂直向下

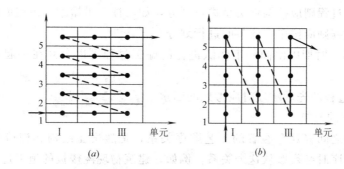

图 6-4 室内装修工程自下而上流向图

(*a*) 水平向上；(*b*) 垂直向上

水平向上和垂直向上两种。

这种施工流向的优点是可以和主体砌墙工程进行交叉施工，工期短，但缺点是工序之间交叉多，施工组织复杂，工程的质量及生产的安全性不易保证。例如，当采用预制楼板时，由于板缝浇灌不严密，极易造成靠墙边处漏水，严重影响装饰工程的质量。使用这种施工流向，应在相邻两层中加强施工组织与质量管理。

（C）室外装饰工程自中而下，再自上而中的施工流向，这种施工流向综合了上述两种施工流向的优缺点，适用于中高层建筑的室内装修工程。应当指出，在流水施工中，施工起点及流向决定了各施工段上的施工顺序，因此在确定施工流向时，应划分好施工段。

（2）确定施工过程的先后顺序

施工过程的先后顺序指的是各施工过程之间的先后次序，亦称为各分项工程的施工顺序。它的确定既是为了按照客观的施工规律来组织施工，也是为了解决各工种在时间上的搭接问题。这样就可以在保证施工质量与施工安全的条件下，充分利用空间，争取时间，组织好施工。

1）确定施工过程（分项工程）的名称

任何一个建筑物的建造过程都是由许多工艺过程所组成的，而每一个工艺过程只完成建筑物的某一部分或某一种结构构件。在编制施工组织设计时，则需对工艺过程进行安排。

对于劳动量大的工艺过程，可确定为一个施工过程（分项工程）；对于那些不重要的、量小的工艺过程，则可合并为一个施工过程。例如，钢筋混凝土地圈梁，按工艺过程可分为支模板、绑扎钢筋、浇混凝土，考虑到这三个工艺过程工程量小，则可合并为一个钢筋混凝土地圈梁的施工过程（由一个混合工程队进行施工）。

除此之外，在确定施工过程时应特别注意以下几点：

（A）施工过程项目划分的粗细程度要适宜，应根据进度计划的需要来决定。对于控制性的施工进度计划，项目划分可粗一些，通常可划分到分部工程即可。如划分成施工前期准备工作、基础工程、主体工程、屋面工程及装饰工程等；对于指导性施工进度计划，尽可能划分得细一些，特别是对主导施工过程和主要分部工程，则要求更具体详细，这样便于控制进度，指导施工。如主体现浇钢筋混凝土工程可分为支模板、绑扎钢筋、浇混凝土等施工过程。

（B）施工过程的确定也要结合具体施工方法来进行。例如：结构吊装时，如果采用分件吊装法，施工过程则应按构件类型进行划分，如吊柱、吊屋架、吊屋面板；采用综合吊装法时，施工过程则应按单元或节间进行划分。

（C）凡是在同一时期内由同一工作队进行的施工过程可以合并在一起，否则应当分开列项。

2）确定施工过程的先后顺序时应考虑的因素

（A）施工工艺的要求

各种施工过程之间客观存在着的工艺顺序关系，是随房屋结构和构造的不同而不同的，在确定施工顺序时必须顺从这个关系。例如，建筑物现浇楼板的施工过程的先后顺序是：支模板→绑扎钢筋→浇混凝土→养护→拆模。

（B）施工方法和施工机械的要求

选用不同的施工方法和施工机械时，施工过程的先后顺序是不相同的。例如，在进行装配式单层工业厂房的安装时，如采用分件吊装法，施工顺序应该是先吊柱，后吊吊车梁，最后吊屋架及屋面板；如果是采用综合吊装法，则施工顺序应该是吊装完一个节间的柱、吊车梁、屋架、屋面板后，再吊装另一节间的所有构件。又如，在安装装配式多层多跨工业厂房时，如果采用塔式起重机，则可以自下向上逐层吊装；如果使用桅杆式起重机，则只能把整个房屋在平面上划分成若干个单元，由下向上吊完一个单元（节间）的构件后，再吊下一个单元（节间）的构件。

（C）施工组织的要求

施工过程的先后顺序与施工组织要求有关。例如，地下室的混凝土地坪施工，可以安排在地下室的上层楼板施工之前完成，也可以安排在上层楼板施工之后进行，从施工组织角度来看；前一方案施工方便，比较合理。

（D）施工质量的要求

施工过程的先后顺序是否合理，将影响到施工的质量。如水磨石地面，只能在上一层水磨石地面完成之后才能进行下一层的顶棚抹灰工程，否则会造成质量缺陷。

（E）当地气候的条件

气候的不同会影响到施工过程的先后顺序，例如在华东和南方地区，应首先考虑到雨期施工的特点，而在华北、西北、东北地区，则应多考虑冬期施工的特点。土方、砌墙、屋面等工程应尽可能地安排在雨期到来之前施工，而室内工程则可适当推后。

（F）安全技术要求

合理的施工过程的先后顺序，必须使各施工过程不引起安全事故。例如：不能在同一个施工段上，一方面进行楼板施工，另一方面又在进行其他作业。

（三）常见的几种建筑施工顺序

1. 多层砖混结构房屋的施工顺序

多层砖混结构房屋的施工特点是：砌砖工程量大，材料运输量大，便于组织流水施工等。多层砖混结构房屋的施工，一般可划分为基础工程、主体结构工程、屋面工程及装饰工程三个施工阶段。图 6-5 即为多层砖混结构房屋的施工顺序示意图。

（1）基础工程的施工顺序

基础工程是指室内地坪（±0.000）以下所有的工程，它的施工顺序一般是：定位放线→挖土→铺垫层→做钢筋混凝土基础→做墙基（素混凝土）→回填土；或者挖土→铺垫层→做基础→砌墙基础→铺防潮层→做地圈梁→回

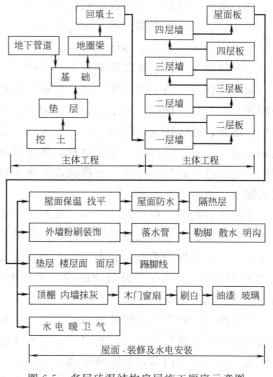

图 6-5 多层砖混结构房屋施工顺序示意图

土。有地下障碍物、坟穴、防空洞，并存在软弱地基的时候，则需要进行地基处理；有地下室时应在基础完成后砌地下室墙，然后做防潮层，最后浇筑地下室顶板及回填上。

在组织施工时，应特别注意挖土与垫层的施工搭接要紧凑，时间不应该隔得太长，以防下雨后基坑内积水，影响地基的承载能力。还应注意垫层施工后的技术间歇时间，使其达到一定强度后，再进行后道工序的施工。各种管沟的挖土、铺设等尽可能与基础施工配合，平行搭接后施工。基坑回填土，一般在基础工程完成后一次分层夯填完毕，这样既避免了基坑遇雨浸泡，又可以为后续工作创造良好条件；当工程量较大且工期较紧时，也可将回填土分段与主体结构搭接进行，或安排在室内装修施工前进行。

（2）主体结构工程的施工顺序

主体结构工程的施工，包括搭脚手架，墙体砌筑，安门窗框，安装预制过梁，安装预制楼板，现浇楼盖，现浇圈梁和雨篷，安装屋面板等。

这一阶段，应以墙体砌筑为主进行流水施工，根据每个施工段砌墙工程量、工人人数、垂直运输量和吊装机械效率等计算确定流水节拍的大小，而其他施工过程则应配合砌墙的流水，搭接进行。如脚手架的搭设和楼板铺设应配合砌墙进度逐段逐层进行；其他现浇构件的支模、扎筋可安排在墙体砌筑的最后一步插入，混凝土与圈梁同时浇筑；各层预制楼梯段的安装必须与墙体砌筑和安装楼板紧密结合，与之同时或相继完成；若现浇楼梯，更应注意与楼层施工紧密结合，否则由于混凝土养护的需要，后道工序将不能如期进行，从而延长工期。

115

（3）屋面、装修、房屋设备安装阶段的施工顺序

屋面保温层、找平层、防水层的施工应依次进行。刚性防水屋面的现浇钢筋混凝土防水层、分格缝施工应在主体结构完成后开始，并尽快完成，以便为顺利进行室内装修创造条件。一般情况下，它可以和装修工程搭接或平行施工。

装修工程阶段的主要工作，可分为室外装修和室内装修两部分，其中室外装修包括：外墙抹灰、勾缝、勒脚、散水、台阶、明沟、落水管和道路等施工过程。室内装修包括：天棚、墙面、地面抹灰、门窗（框）安装、五金和各种木装修、踢脚线、楼梯踏步抹灰、玻璃安装、油漆和喷白浆等施工过程，其中抹灰工程为主导施工过程。由于施工内容多，因此，可以进行适当的合并。正确拟定装修工程的施工顺序和流程，组织好立体交叉搭接流水施工，显得格外重要。

室内抹灰在同一层内的施工顺序有两种：地面→天棚→墙面；天棚→墙面→地面。前者便于清理地面，地面质量易于保证，而且便于墙面和天棚的落灰，以节约材料，但地面需要养护和采取保护措施，否则后道工序不能按时进行。后一种顺序应在做地面面层时将落地灰清扫干净，否则会影响地面的质量，而且地面施工用水的渗漏可能影响下一层墙面、天棚的抹灰质量。

底层地坪一般是在各层装修做好后施工。为保证质量，楼梯间和踏步抹灰往往安排在各层装修基本完成后进行。门窗扇的安装可在抹灰之前或之后进行，主要视气候和施工条件而定。宜先油漆门窗，后安装玻璃。

房屋设备安装工程的施工可与土建有关分部分项工程交叉施工，紧密配合。例如：基础施工阶段，应先将相应的管沟埋好，再进行回填土；主体结构施工阶段，应在砌墙或现浇混凝土楼板的同时，预留电线、水管等孔洞或预埋木砖和其他预埋件。

2. 多、高层全现浇钢筋混凝土框架结构建筑的施工顺序

多、高层全现浇钢筋混凝土框架结构建筑的施工顺序，一般可划分为±0.000以下基础工程、主体结构工程、屋面工程及围护工程、装饰工程等四个施工阶段。

（1）基础工程的施工顺序

多、高层全现浇钢筋混凝土框架结构建筑的基础工程，一般可分为有地下室及无地下室基础工程。若有一层地下室且又建在软土地基层上时，其施工顺序是：桩基施工（包括围护桩）→土方开挖→破桩头及铺垫层→做基础地下室底板→做地下室墙、柱（防水处理）→做地下室顶板→回填土。若无地下室且也建在软土地基上时，其施工顺序是：桩基施工→挖土→铺垫层→钢筋混凝土基础施工→回填土。

（2）主体结构工程的施工顺序

主体结构的施工主要包括柱、梁（主梁、次梁）、楼板的施工。由于柱、梁、板的施工工程量很大，所需的材料、劳动力很多，而且对工程质量和工期起决定性作用，故需采用多层框架在竖向上分层、在平面上分段的流水施工方法。若采用木模，其施工顺序为：绑扎柱钢筋→支柱、梁、板模板→浇柱混凝土→绑扎梁、板钢筋→浇梁、板混凝土。若采用钢模，其施工顺序为：绑扎柱钢筋→支柱模→浇柱混凝土→支梁、板模→绑扎梁、板钢筋→浇梁、板混凝土。

这里应特别注意的是在梁、板钢筋绑扎完毕后，应认真进行检查验收，然后才能进行混凝土的浇筑工作。

（3）屋面工程和围护工程的施工顺序

屋面工程的施工顺序与多层砖混结构房屋的屋面工程施工顺序相同。

屋面保温层、找平层、防水层的施工应依次进行。刚性防水屋面的现浇钢筋混凝土防水层、分格缝施工应在主体结构完成后开始，并尽快完成，以便为顺利进行室内装修创造条件。一般情况下，它可以和装修工程搭接或平行施工。但内墙的砌筑则应根据内墙的基础形式而定，有的需在地面工程完工后进行，有的则可在地面工程之前与外墙同时进行。

（4）装饰工程的施工顺序

装饰工程的施工顺序同多层砖混结构房屋的施工顺序一样，也分为室外装饰与室内装饰。

室内装饰工程包括地面、门窗扇、玻璃安装、油漆、刷白等分项工程；室外装饰工程包括勾缝、勒脚、散水等分项工程。

（四）施工方法和施工机械的选择

在单位工程施工组织设计中，对于施工过程来讲，不同的施工方法与施工机械，其施工效果和经济效益是不相同的。它直接影响施工进度、施工质量、工程成本及安全施工等。因此，正确选用施工方法和施工机械，在施工组织设计中占有相当重要的地位。

1. 选择施工方法

（1）选择施工方法时应遵循的原则

1）应根据工程特点，找出哪些项目是工程的主导项目，以便在选择施工方法时，有针对性地解决主导项目的施工问题；

2）所选择的施工方法应技术先进、经济合理、满足施工工艺要求及安全施工；

3）符合国家颁发的施工验收规范和质量检验评定标准的有关规定；

4）要与所选择的施工机械及所划分的流水工作段相协调；

5）相对于常规做法和工人熟悉的分项工程，只需提出施工中应注意的特殊问题，不必详细拟定施工方法。

（2）施工方法的选择

在选择施工方法时，必须根据建筑结构的特点、抗震要求、工程量的大小、工期长短、资源供应状况、施工现场情况和周围环境因素，拟定出几个可行方案，在此基础上进行技术经济分析比较，以确定最优的施工方案。通常施工方法选择内容有：

1）土石方工程，土石方工程量的计算与调配方案、土石方开挖方案及施工机械的选择、土方边坡坡度系数的确定、土壁支撑方法、地下水位降低等。

2）基础工程，浅基础开挖及局部地基的处理、桩基础的施工及施工机械的选择、钢筋混凝土基础的施工及地下室工程施工的技术要求等。

3）砌筑工程，脚手架的搭设及要求、垂直运输及水平运输设备的选择、砖墙砌筑的施工方法。

4）钢筋混凝土工程，确定模板类型及支撑方法、选择钢筋的加工、绑扎及焊接的方式、选择混凝土供应和输送及浇筑顺序和方法、确定混凝土振捣设备的类型、确定施工缝留设位置、确定预应力钢筋混凝土的施工方法及控制应力等。

5）结构安装，确定结构安装方法和起重机类型及开行路线，确定构件运输要求及堆放位置。

6）屋面工程，确定屋面工程的施工步骤及要求、确定屋面材料的运输方式等。

7）装饰工程，选择装饰工程的施工方法及要求，确定施工工艺流程及流水施工安排。

8）对"四新"项目（新结构、新工艺、新材料、新技术）施工方法的选择。

2. 施工机械的选择

在进行施工方法的选择时，必然要涉及施工机械的选择。施工机械选择得是否合理，则直接影响到施工进度、施工质量、工程成本及安全施工。

（1）选择施工机械考虑的主要因素

1）应根据工程特点，选择适宜主导工程的施工机械，所选设备机械应在技术上可行，在经济上合理；

2）在同一个建筑工地上所选择机械的类型、规格、型号应统一，以便于管理及维护；

3）尽可能使所选机械一机多用，提高机械设备的生产效率；

4）选择机械时，应考虑到施工企业工人的技术操作水平，尽量选用已有的机械；

5）各种辅助机械或运输工具应与主导机械的生产能力协调配套，以充分发挥主导机械的效率。如土方工程施工中常用汽车运土，汽车的载重量应为挖土机斗容量的整数倍，汽车的数量应保证挖土连续工作。

目前建筑工地常用的机械有土方机械、打桩机械、起重机械、混凝土的制作及运输机械等。

（2）塔式起重机的选择

建筑工程上最常用的垂直运输起重机是塔式起重机。选择塔式起重机主要是选择类型及型号。

1）类型的选择

塔式起重机类型的选择应根据建筑物的结构平面尺寸、层数、高度、施工条件及场地周围的环境等因素综合考虑。对于低层建筑常选用一般的轨道式或固定式塔式起重机，对于中高层建筑，可选用附着式塔式起重机或爬升式塔式起重机，其起升高度随着建筑的施工高度而增加，如果建筑体积很大，建筑结构内部又有足够的空间可安装塔式起重机时，可选用内爬式起重机，以充分发挥塔式起重机的效率。但安装时要考虑建筑结构支撑塔重后的强度及稳定。

2）规格型号的选择

塔式起重机规格型号的选择应根据拟建的建筑物所要吊装的材料及所吊装构件的主要吊装参数，通过查找起重机技术性能曲线表进行选择。主要吊装参数是指各构件的起重量 Q、起重高度 H 及起重半径 R。

（A）起重量

$$Q \geqslant Q_1 + Q_2 \tag{6-1}$$

式中　Q——起重机的起重量，kN；

　　　Q_1——构件的重量，kN；

　　　Q_2——索具的重量，kN。

（B）起重高度

$$H \geqslant H_1 + H_2 + H_3 + H_4 \tag{6-2}$$

式中　H——起重机的起重高度，m；

H_1——建筑物总高度，m；

H_2——建筑物顶层人员安全施工所需高度，m；

H_3——构件高度，m；

H_4——索具高度，m。

（C）起重半径

起重半径也称工作幅度，应根据建筑物所需材料的运输或构件安装的不同距离，选择最大的距离为起重半径。

3）塔式起重机台数的确定

塔式起重机数量应根据工程量大小和工期要求，考虑到起重机的生产能力按经验公式进行确定：

$$N=\frac{1}{TCK}\sum\frac{Q_i}{P_i} \qquad (6-3)$$

式中　N——塔式起重机台数；

T——工期，天；

C——每天工作班次；

K——时间利用参数，一般取 0.7～0.8；

Q_i——各构件（材料）的运输量，t；

P_i——塔式起重机的台数效率，件/台班，t/台班。

（3）泵送混凝土设备的选择

当混凝土浇筑量很大时，有时采用泵送混凝土的方式进行浇筑。这种输送混凝土的方式不但可以一次性直接将混凝土送到指定的浇筑地点，而且也能加快施工进度。因此，这种混凝土运输方式广泛应用在中高层建筑的施工中。

1）混凝土输送泵的选择

混凝土输送的选择是按输送量的大小和输送距离远近进行选择的，混凝土输送泵的输送量，可按下式进行计算：

$$Q_m > Q_i \qquad (6-4)$$

式中　Q_m——混凝土输送泵的输送量，m^3/h；

Q_i——浇筑混凝土时所需的混凝土量，m^3/h。

考虑到混凝土输送泵的输送量与运输距离及混凝土的砂、石级配有关，则

$$Q_m = Q_{max}\alpha E_t \qquad (6-5)$$

式中　Q_{max}——混凝土输送泵所标定的最大输送量；

α——与运输距离有关的条件系数，见表6-1；

E_t——作业系数，一般取 0.4～0.5。

条件系数 α 表   表 6-1

换算成水平距离后的运输距离(m)	α	换算成水平距离后的运输距离(m)	α
0～49	1.0	150～179	0.7～0.6
50～99	1.0～0.8	180～199	0.6～0.5
100～149	0.8～0.7	200～249	0.5～0.4

混凝土输送泵的输送距离，按下式进行计算：

$$L_m > L_i \qquad (6\text{-}6)$$

式中　L_m——混凝土输送泵的输送距离，m；

　　　L_i——混凝土应输送的水平距离，m。

由于常用的混凝土输送管为钢管、橡胶管和塑料软管，直径一般在 100～200mm，且每根管长在 3m 左右，还配有各种弯头及锥形管，这样在计算运输距离时，必须将其换算成水平直管的管道状态并按水平管道布置进行计算，水平距离折算表如表 6-2 所示。

水平距离折算表　　　　　　　　　　　　表 6-2

项　　目	管径(m)	水平换算长度(m)
每米垂直管	100	4
	125	5
	150	6
每个锥形管	175～150	4
	150～125	10
	125～100	20
90°弯管	弯曲半径 0.5m	12
	弯曲半径 1.0m	9
塑料橡皮软管	5～8	30

2）输送管的选择

一般来讲，合理地选择混凝土输送泵的输送管和精心布置输送道路，是提高混凝土输送泵输送能力的关键。

混凝土输送泵的输送管有多种，如支管、锥形管、弯管、软管以及管与管之间连接的接头。

直管一般由管壁为 1.6～1.8mm 的电焊钢管制成，这种管子重量轻又耐用，寿命也长。

直管管径通用的有 100mm、125mm 和 150mm 三种；用在特殊地方的管径有 180mm 和 80mm 管。管长系列有 1.0m、2.0m、3.0m 和 4.0m 四种，常用的是 3.0m 和 4.0m 两种。管径的选择，主要取决于粗骨料粒径和生产率的要求，在一般情况下，粗骨料最大粒径与钢管内径之比，通常在 1∶(2.5～3.0) 之间，碎石为 1∶3，卵石为 1∶2.5，弯管的弯曲半径有 1.0m 和 0.5m 两种，弯管角度有 15°、30°、45°、60°、90°五种。弯管曲率半径越小，其管内阻力越大。所以在布置管路时，宜选用较大曲率半径的弯管。

由于混凝土输送泵出口的口径一般为 175mm，而常用的直管为 100mm、125mm、150mm，所以要采用锥形管进行过渡。锥形管长度一般为 1m，如接管太短，管的断面变化太大，产生的压力损失就越大。

【例 6-1】　某高层建筑，使用混凝土输送泵进行混凝土浇筑工作。根据现场布置要求，所需水平管 14m，垂直管 43.8m，90°弯管一个（弯曲半径 0.5m），锥形管 2 个，水平、垂直输送管管径为 100mm。试计算输送管的折算水平长度。

【解】　折算长度 L_i 查表 6-1

$$L_i = 14 \times 1 + 43.8 \times 4 + 9 \times 1 + 20 \times 2 = 239m$$

【例 6-2】　在上例中如所选用输送泵为 NCP—9F8，其最大输送能力为 57m³/h，输送管直径为 100mm，混凝土的浇筑量为 $10\text{m}^3/\text{h}$，试问所选混凝土泵是否合理？

【解】 根据式（6-5）

$$Q_m = Q_{max}\alpha E_t$$

其中，查表 6-1，选取 $\alpha=0.5$ 取 $E_t=0.5$

则 $\qquad Q_m = 57\text{m}^3/\text{h}\times0.5\times0.5 = 14.25\text{m}^3/\text{h} > 10\text{m}^3/\text{h}$

所选用混凝土泵合理。

三、施工进度计划

单位工程施工进度计划是在确定的施工方案基础上，根据工期要求和各种资源供应条件按照施工顺序及组织要求编制而成的，是单位工程施工组织设计的重要内容之一。

（一）单位工程施工进度计划的作用和分类

1. 单位工程施工进度计划的作用

（1）单位工程施工进度计划是施工中各项活动在时间上的反映，是指导施工活动、保证施工顺利进行的重要文件之一；

（2）能确定各分部分项工程和各施工过程的施工顺序及其持续时间和相互之间的配合、制约关系；

（3）为劳动力、机械设备、物质材料在时间上的需要计划提供依据；

（4）保证在规定的工期内完成符合工程质量的施工任务；

（5）为编制季度、月生产作业计划提供依据。

2. 单位工程施工进度计划的分类

单位工程施工进度计划按工程项目划分的粗细程度，可分为控制性施工进度计划与指导性施工进度计划两类。控制性施工进度计划是按分部工程项目进行编制的，不但对整个工程施工进度及竣工验收起一定的控制调节作用，同时还为指导性施工进度计划提供编制的依据；指导性施工进度计划是按分项工程（或施工过程）编制而成的，它不仅确定了各分项工程或施工过程的施工时间及相互搭接的配合关系，用以指导日常施工，而且也为整个工程所需的劳动力配置和数量、资源需要计划的编制提供了依据。

控制性施工进度计划主要用于工程结构复杂、规模大、工期长施工任务不明确、需要跨年度的工程施工；而指导性施工进度计划则用于施工任务明确，各项资源供应正常，规模较小的中小型工程的施工。需要编制控制性施工进度计划的单位工程，当各分部工程的施工条件基本落实之后，在施工之前还应编制指导性施工进度计划。

（二）单位工程施工进度计划的表示方法

单位工程施工进度计划通常以图表形式来表示的。有水平图表、垂直图表和网络图三种。常用的水平图表格式如表 6-3 所示。

施工进度计划表 表 6-3

序号	分部分项工程名称	工程量		定额	劳动量		机械名称	每天工作班	每天工作人数	持续天数	施工进度			
		单位	数量		单位	数量								

水平图表，亦称横道图，由左、右两大部分所组成，表的左边部分列出了分部分项工

程的名称、工程量、定额（劳动定额或时间定额）和劳动量、人数、持续时间等计算数据；表的右边部分是从规定的开工日起到竣工之日止的进度指示图表，用不同线条来形象地表现各个分部分项工程的施工进度和搭接关系。有时也在进度指示图表下方汇总每天的资源需要量，组成资源需求量动态曲线。施工进度表中的一格视其工期的长短可以代表 1 天或若干天。

网络图的表示方法在第三章中已介绍。下面仅以横道图编制施工进度计划加以阐述。

（三）单位工程施工进度计划的编制

1. 单位工程施工进度计划的编制依据

（1）经过审批的建筑总平面图、地形图、全部工程施工图及水文、地质气象等资料；

（2）工程预算文件；

（3）建设单位（业主）或上级规定的开、竣工日期；

（4）单位工程的施工方案；

（5）劳动定额及机械台班定额；

（6）施工单位的劳动资源能力；

（7）其他有关的要求和资料。

2. 单位工程施工进度计划编制程序

单位工程施工进度计划编制程序如图 6-6 所示。

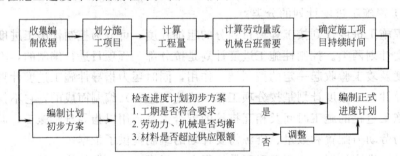

图 6-6　单位工程施工进度计划编制程序

3. 编制内容及步骤

（1）熟悉并审查施工图纸，研究有关资料，调查施工条件

施工单位项目部技术负责人员在收到施工图及取得有关资料后，应组织工程技术人员以及有关施工人员全面地熟悉和详细审查图纸。由建设、设计、监理、施工等单位有关工程技术人员进行图纸会审，由设计单位技术人员进行技术交底，在弄清设计意图的基础上，研究有关技术资料，同时进行施工现场的勘察，调查施工条件，为编制施工进度计划做好准备工作。

（2）划分施工过程并计算工程量

编制施工进度计划时，应该按照所选的施工方案确定施工顺序，将分部工程或分项工程（施工过程）逐项填入施工进度表的分部分项工程名称栏中，其项目包括从准备工作起至交付使用时为止的所有土建施工内容。对于次要的、零星的分项工程则不列出，可并入"其他工程"，在计算劳动量时，给予适当的考虑即可。水、暖、电及设备一般另作一份相应专业的单位工程施工进度计划，在土建单位工程进度计划中只列分部工程总称，不列详细施工过程名称。

编制单位工程施工进度计划时，应当根据施工图和建筑工程预算工程量的计算规则来计算工程量。若已编制的预算文件中所采用的预算定额和项目划分与施工过程项目一致时，就可以直接利用预算工程量；若项目不一致时，则应依据实际施工过程项目重新计算工程量 Q。计算工程量时应注意以下几个问题：

1）注意工程量的计算单位。直接利用预算文件中的工程量时，应使各施工过程的工程量计算单位与所采用的施工定额的单位一致，以便在计算劳动量、材料量、机械台班数时可直接套用定额。

2）工程量计算应结合所选定的施工方法和所制定的安全技术措施进行，以使计算的工程量与施工实际相符。

3）工程量计算时应按照施工组织要求，分区、分段、分层进行计算。

（3）劳动量和机械台班数的确定

根据所划分的施工过程和选定的施工方法，查套施工定额，以确定劳动量及机械台班量。施工定额有两种形式，即时间定额 H 和产量定额 S。时间定额是指完成单位建筑产品所需的时间；产量定额是指在单位时间内所完成建筑产品的数量，二者互为倒数。

若某施工过程的工程量为 Q，则该施工过程所需劳动量或机械台班量可由下式进行计算：

$$P = \frac{Q}{S} \tag{6-7}$$

或

$$P = QH \tag{6-8}$$

式中　P——该施工过程所需劳动量或机械台班量；

Q——某施工过程工程量，m^3，m^2，m，t；

S——施工过程的产量定额 $m^3/$工日，$m^2/$工日，$m/$工日，$t/$工日；

H——施工过程的时间定额，工日$/m^3$，工日$/m^2$，工日$/m$，工日$/t$。

这里应特别注意的是如果施工进度计划中所列项目与施工定额中的项目内容不一致时，施工定额必须进行如下处理后方可套用。

若某分项工程有几个部分组成时，可用加权平均定额（综合定额）来计算劳动量或机械台班量。

加权平均劳动定额或加权平均时间定额可按下式计算：

$$\overline{S} = \frac{\sum\limits_{i=1}^{n} Q_i}{\sum\limits_{i=1}^{n} P_i} \tag{6-9}$$

或

$$\overline{H} = \frac{\sum\limits_{i=1}^{n} P_i}{\sum\limits_{n=1}^{n} Q_i} \tag{6-10}$$

式中　$\overline{S}$——加权平均劳动定额；

　　　$\overline{H}$——加权平均时间定额；

$\sum\limits_{i=1}^{n} Q_i$ ——施工过程总的工程量，按式（6-11）计算：

$$\sum_{i=1}^{n} Q_i = Q_1 + Q_2 + Q_3 + \cdots + Q_n \qquad (6\text{-}11)$$

$\sum\limits_{i=1}^{n} P_i$ ——施工过程总的劳动量、工日或机械台班量，按式（6-12）计算：

$$\sum_{i=1}^{n} P_i = P_1 + P_2 + P_3 + \cdots + P_n \qquad (6\text{-}12)$$

对于有些采用新技术、新工艺、新材料的施工项目或特殊施工方法的施工项目；其定额未列入定额手册时，可参照类似项目或进行实测值来确定。

对于"其他工程"项目所需的劳动量，可根据其内容和数量，并结合施工现场的具体情况以占总劳动量的百分比来计算。

【例 6-3】　某砖混结构住宅的抹灰工程，已知内墙抹灰 4108m²，时间定额为 0.088 工日/m²；外墙抹灰 1866m²，时间定额为 0.119 工日/m²。试计算：

1. 抹灰工程所需的劳动量。

2. 加权平均时间定额。

【解】　1. 抹灰工程所需的劳动量

内墙抹灰：$P_1 = Q_1 \times H_1 = 4108 \times 0.088 = 362$ 工日

外墙抹灰：$P_2 = Q_2 \times H_2 = 1866 \times 0.119 = 222$ 工日

总劳动量：$\sum P = P_1 + P_2 = 362 + 222 = 584$ 工日

2. 加权平均时间定额

$$\overline{H} = \frac{\sum P}{\sum Q} = \frac{584}{4108 + 1866} = 0.098 \text{ 工日/m}^2$$

（4）确定各施工过程的工作持续时间

各施工过程的工作持续时间的计算方法有经验估算法、定额计算法和倒排进度法。

1）经验估算法

此法是根据以前的施工经验并按照实际的施工条件估算各施工过程的持续时间，这一方法是建立在大量施工实践基础上。一般适用于采用新工艺、新技术、新结构、新材料等无定额可查的工程。

2）定额计算法

此法是根据施工过程所需的劳动量或机械台班数，以及配备的施工人数或机械台数，按下列（6-13）公式来确定其工作时间：

$$T = \frac{P}{Rb} \qquad (6\text{-}13)$$

式中　T——完成某施工过程的持续时间；

　　　P——该施工过程所需的劳动量或机械台数；

R——该施工过程每班所配备的劳动力人数或机械台数；

b——每天采用的工作制。

如果组织分段流水施工，也可用上式确定每个施工段的流水节拍数。在应用上式时，特别要注意施工班组人数、机械台数和工作班制的选定。如对工作班制的确定，在一般情况下，当工期允许、劳动力和机械周转使用不紧迫，且施工也没有要求连续作业时，可采用一班制；当工期紧，机械周转紧张或某些工序必须连续作业时，可采用二班甚至三班制。

【例6-4】 某工程基础混凝土浇筑所需劳动量为536工日，每天采用三班制，每班安排20人施工，试求完成混凝土垫层的施工持续时间。

【解】

$$T=\frac{P}{Rb}=\frac{536}{3\times20}=8.93=9\ \text{天}$$

3）倒排进度法

这种方法是根据施工工期和施工经验，确定各施工过程的工作持续时间，再按劳动量选定工作制，便可确定施工人数或机械台数。其计算公式如（6-14）所示：

$$R=\frac{P}{Tb}\qquad\qquad(6\text{-}14)$$

式中　R——某施工过程每班所配备的劳动力人数或机械台数；

　　　　P——该施工过程所需劳动量或机械台班量；

　　　　T——完成该施工过程的持续时间；

　　　　b——每天采用的工作制。

【例6-5】 某工程砌墙所需劳动量为810个工日，要求在20天完成，采用一班制施工，试求每班工人数。

【解】

$$R=\frac{P}{Tb}=\frac{810}{1\times20}=40.5\ \text{人}$$

取每班为41人。

上例所需施工班组为41人，若配备技工20人，普工21人，其比例为1∶1.05，是否有这些劳动人数，是否有20个技工，是否有足够的工作面，这些都需经分析研究才能确定。现按41人计算，实际采用的劳动量为41×20×1＝820工日，比计划劳动量810个工日多10个工日，相差不大。

（5）施工进度计划的编制

施工进度计划的编制一般有以下三种编制方法：

1）根据施工经验直接安排的方法

此法是根据施工经验资料和有关计算，直接在进度表上画出来。这种方法比较简单实用，步骤是：先安排主导施工过程的进度，并使其连续，然后再将其余施工过程与之配合搭接、平行安排。但如果施工过程较多时，则不一定能达到最优计划方案。

2）按工艺组合组织流水施工的方法

此法是将某些在工艺上有关系的施工过程归并为一个工艺组合，组织各工艺组合内部的流水施工，然后将各工艺组合最大限度地搭接起来，分别组织流水。

3）用网络计划进行安排的方法

施工网络计划的编制见第二章。

（6）施工进度计划编制的检查与调整

施工进度计划初步方案编完后，应按合同约定的开、竣工日期、施工期间劳动力和材料均衡程度和机械负荷情况、施工顺序等进行全面的检查与合理的调整。

检查的内容：施工顺序是否符合建筑施工的客观规律，是否合理；施工进度计划安排的计划是否满足施工合同的要求；施工进度计划中劳动力、材料、机械等资源供应、消耗是否均衡；主要工种工人是否连续作业，施工机械是否充分发挥效率。

调整的基本要求：调整应从全局出发，避免片面性；调整后的计划要满足各方面的要求。

由于建筑施工的复杂性，每个施工过程之间不是独立的，所以，在施工进度计划的执行过程中，也要经常检查，实行动态调整。

四、施工平面图

单位工程施工平面图是对拟建工程的施工现场所作的平面布置图。是施工组织设计中的重要组成部分，合理的施工平面图不但可使施工顺利地进行，同时也能起到合理使用场地、减少临时设施费用、文明施工的目的。

（一）单位工程施工平面图的内容

单位工程施工平面图通常用 1：200～1：500 的比例绘制。施工平面图上一般应设计并标明以下内容：

（1）已建的地上和地下的一切建筑物、构筑物及其他设施的位置、尺寸或拟建建筑物的位置及尺寸；

（2）固定式垂直起重设备的位置及移动式起重设备的环行路线；

（3）各种施工设备的位置，存放各种材料（包括水暖电材料）、构件、个别成品构件等的仓库、堆场及临时作业场地的位置；

（4）场内施工道路和与场外交通的连接；

（5）为施工服务的临时设施，如生产和生活临时用房的布置；

（6）临时给排水管线、供电线路的布置；

（7）一切安全及防火设施的位置，以及必要的图例和风向标记；

（8）搅拌站、车库位置。

（二）单位工程施工平面图的设计原则和依据

1. 单位工程施工平面图的设计原则

（1）在保证顺利施工的前提下，平面布置要紧凑、少占地，尽量不占用耕地；

（2）在满足施工要求的条件下，临时建筑设施应尽量少搭设，以降低临时工程费用；

（3）在保证运输的条件下，使运输费用最小，尽可能杜绝不必要的二次搬运；

（4）在保证安全施工的条件下，平面布置应满足生产、生活、安全、消防、环保等方面的要求，并符合国家的有关规定；

（5）各种临时设施应便于生产和生活的需要。

2. 单位工程施工平面图的设计依据

单位工程施工平面图设计是在工程项目部施工设计人员勘查现场，取得现场周围环境第一手资料的基础上，依据下列资料并按施工方案和施工进度计划的要求进行设计的，所需资料是：

（1）建筑总平面图，现场地形图，已有建筑和待建建筑及地下设施的位置、标高、尺寸（包括地下管网资料）；

（2）施工组织总设计文件及气象资料；

（3）各种材料、构件、半成品构件需要量计划；

（4）各种生活、生产所需的临时设施和加工场地数量、形状、尺寸及建设单位可为施工提供的生活、生产用房等情况；

（5）现场施工机械、施工设施及运输工具的型号与数量；

（6）水源、电源及建筑区域内的竖向设计资料；

（7）在建项目地区的自然和技术经济条件。

（三）单位工程施工总平面图的设计方法

建筑工程由于工程性质、规模、现场条件和环境的不同，所选的施工方案、施工机械的品种和数量也不同，因此，施工现场要规划和布置的内容也有多有少。同时工程施工又是一个复杂多变的过程，它随着工程施工的不断展开，需要规划和布置的内容逐渐增多；随着工程的逐渐收尾，材料、构件等逐渐消耗，施工机械、施工设施逐渐退场和拆除。因此，在工程的不同施工阶段，施工现场布置的内容也有侧重且不断变化。所以，工程规模较大、结构复杂、工期较长的单位工程，应当按不同的施工阶段设计施工平面图，但要统筹兼顾。近期的应照顾远期的；土建施工应照顾设备安装的；局部的应服从整体的。为此，在整个工程施工过程中，各协作单位应以土建施工单位为主，共同协商，合理布置施工平面，做到各得其所。根据上述施工平面图的设计原则及现场的实际情况，尽可能进行多方案比较，选择合理、安全、经济、可行的布置方案，单位工程施工平面图的设计程序如图6-7所示，其设计方法如下：

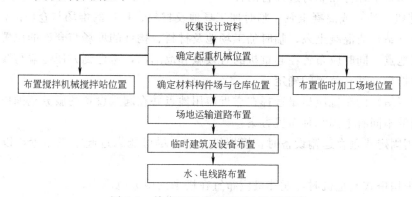

图 6-7　单位工程施工平面的设计程序

1. 起重机械位置确定

起重机械位置的确定直接影响到施工设备、临时加工场地以及各种材料、构件的仓库和堆场的位置的布置，也影响到场地道路及水电管网的布置，因此必须首先确定。但由于不同的起重机，其性能及使用要求不同，平面布置的位置也不相同。

（1）轨道式起重机的平面布置

轨道式起重机的布置，主要根据房屋形状、平面尺寸、现场环境条件、所选用的起重机性能及所吊装的构件质量等因素来确定。一般情况下，起重机沿建筑的长度方向布置在建筑物外侧，有单侧布置及双侧（或环形）布置，轨道式起重机进行布置时应注意以下几点：

1）轨道式起重机布置完成后，应绘出起重机的服务范围。其方法是分别以轨道两端有效端点的轨道中心为圆心，以起重机最大回转半径为半径画出两个半圆，并连接这两个半圆；

2）建筑物的平面应处于吊臂的回转半径之内（起重机服务范围之内），以便将材料和构件等运至任何施工地点，此时应尽量避免出现"死角"或出现较小的死角"区域"；

3）尽量缩短轨道长度，降低铺轨费用；

4）建筑物的一部分不在服务范围之内（即出现"死角"），在吊装最远部位的构件时，应采取一定的安全技术措施，以确保这一部位的吊装工作顺利进行。

（2）固定式垂直起重设备的平面布置

固定式垂直起重设备，有固定式塔式起重机、钢井架、龙门架、桅杆式起重机等。布置时应充分发挥设备能力，使地面或楼面上的运距较短。故应根据起重机械的性能、建筑物的平面尺寸、施工工作段的划分、材料进场方向及运输道路而确定。

通常当建筑物各部位的高度相同时，固定式起重设备沿长度方向布置在施工段分界线附近；当建筑物各部位的高度不相同时，起重机布置在高低分界线处高的一侧，这样使得高低处水平运输施工互不干涉；井架、龙门架一般布置在窗口处，以避免砌墙留槎和减少拆除井架后的修补工作。应特别注意固定式起重运输设备中的卷扬机的位置，不应距离起重机过近，阻挡司机视线，应使司机可观测到起重机的整个升降过程，以保证安全施工。

（3）自行式起重机的开行路线确定

自行式起重机一般为履带式起重机、汽车式起重机和轮胎式起重机，其开行路线主要取决于建筑物的平面尺寸、施工方法、场地四周的环境及构件的类型、大小和安装高度。开行路线有靠跨中开行和靠跨边开行两种。

2. 搅拌机（站）或混凝土泵、临时加工场地及材料、构件的堆场与仓库的位置确定

搅拌机（站）或混凝土泵、临时加工场地及材料、构件的堆场与仓库的位置确定应尽量靠近使用地点，同时应布置在起重机的有效服务范围内，考虑到方便运输与装卸。

（1）搅拌机（站）位置的确定

搅拌机（站）的布置应尽量选择在靠近使用地点并在起重设备的服务范围以内。根据起重机类型的不同有下列几种布置方案：

1）采用固定式垂直运输设备时，搅拌机（站）尽可能靠近起重机布置，以减少运距或二次搬运；

2）当采用塔式起重机时，搅拌机应布置在塔吊的服务范围内；

3）当采用无轨自行式起重机进行水平或垂直运输时，应沿起重机开行路线一侧或两侧进行布置，位置应在起重机的最大外伸长度范围内。

（2）混凝土泵或混凝土泵车位置的确定

在泵送混凝土施工过程中，混凝土泵或混凝土泵车的停放位置，不仅影响其输送管的配置，也影响到施工的顺利进行。所以在混凝土泵或混凝土泵车布置时应考虑下列条件：

1）力求距离浇筑地点近，使所浇的基础结构在布料杆的工作范围内，尽量减少移动泵或泵车；

2) 多台混凝土泵或泵车同时浇筑时，其位置要使其各自承担的浇筑任务尽量相等，最好同时浇筑完毕；

3) 停放地点要有足够的场地，以保证供料方便，道路畅通；

4) 为便于混凝土泵或混凝土泵车的使用，最好将其靠近供水和排水设施停放；

5) 对于拖式混凝土泵车，除应满足上述要求外，还必须考虑到其进场与出场的方便及安全，同时，停放位置应离建筑物有一定的距离，并设置一定长度的水平管，利用该水平管中的摩擦阻力来抵消垂直管中因混凝土造成的逆流压力。

3. 临时加工场地位置的确定

单位工程施工平面图中的临时加工场地一般是指钢筋加工场地、木材加工场地、预制构件加工场地、沥青加工场地、淋灰池等。平面位置布置的原则是尽量靠近起重设备，并按各自的性能及使用功能来选择合适的地点。

钢筋加工场地、木材加工场地应选择在建筑物四周，且有一定的材料、成品堆放处。钢筋加工场地还应尽可能设在起重机服务范围之内，避免二次搬运，而木材加工场地应根据其加工特点，选在远离火源的地方。沥青加工场地应远离易燃物品，且设在下风向地区。淋灰池应靠近搅拌机（站）布置。构件预制场地位置应选择在起重机服务范围内，且尽可能靠近安装地点。布置时不影响其他工程的施工。

4. 运输道路的布置

现场运输道路的布置主要解决运输和消防两个问题。现场主要道路应尽量利用永久性道路，以节约费用。要保持道路的通畅，使运输工具具有回转的可能性。运输线路最好绕建筑物布置成环形。运输道路布置原则如下：

(1) 满足材料、构件等运输要求，使道路通到各个堆场和仓库所在位置，且距装卸区越近越好；

(2) 满足消防的要求，使道路靠近建筑物、木料场等易燃地方，以便消防车辆直接开到消防栓处。道路宽度不小于 3.5m；

(3) 施工道路应避开拟建工程和地下管道等地方。否则，这些工程若与在建工程同时开工时，将切断临时道路，给施工带来困难；

(4) 道路布置应满足施工机械的要求。

现场内临时道路路面种类厚度见表 6-4，临时道路的最小宽度和最小转弯半径见表6-5、表 6-6。

临时道路路面种类和厚度   表 6-4

路面种类	特点及其使用条件	路基土壤	路面厚度(cm)	材料配合比
混凝土路面	强度高,适宜通行各种车辆	一般土壤	10～15	≥C15
石路面	雨天照常通车,可通行较多车辆,但材料级配要求严格	砂质土	10～15	体积比:黏土:砂:石子=1:0.7:3.5
		黏质土或黄土	14～18	
碎(砾)石路面	雨天照常通车,碎(砾)石本身含土较多,不加砂	砂质土	10～13	碎(砾)石>65%,当地土壤含量≤35%
		砂质土或黄土	15～20	
碎砖路面	可维持雨天通车,通行车辆较少	砂质土	13～15	垫层:砂或炉渣 4～5cm 底层:7～10cm 碎砖 面层:2～5cm 碎砖

路面种类	特点及其使用条件	路基土壤	路面厚度(cm)	材料配合比
炉渣或矿渣路面	可维持雨天通车,通行车辆较少,当附近有此材料可利用时	一般土壤	10~15	炉渣或矿渣75%,当地土壤25%
		较松软时	15~30	
砂土路面	雨天停车,通行车辆较少,附近不产石料而只有砂时	砂质土	15~20	粗砂50%,细砂、粉砂和黏质土50%
		黏质土	15~30	
风化石屑路面	雨天不通车,通行车辆较少,附近有石屑可利用	一般土壤	10~15	石屑90%,黏土10%
石灰土路面	雨天停车,通行车辆少,附近产石灰时	一般土壤	10~13	石灰10%,当地土壤90%

施工现场道路最小宽度 表 6-5

序号	车辆类别和要求	道路宽度(m)	序号	车辆类别和要求	道路宽度(m)
1	汽车单行道	不小于3.5	3	平板车单行道	不小于4.0
2	汽车双行道	不小于6.0	4	平板车双行道	不小于8.0

施工现场道路最小转弯半径 表 6-6

车辆类型	路面内侧的最小转弯半径(m)		
	无拖车	有一辆拖车	有两辆拖车
小客车、三轮车	6		
一般二轴载重汽车	单车道9 双车道7	12	15
三轴载重汽车 重型载重汽车	12	15	18
超重型载重汽车	15	18	21

架空线和架空管道下面的道路,其通行宽度应比道路宽度大 0.5m,空间高度应大于 4.5m。

5. 临时设施的布置

(1) 临时设施分类

施工现场的临时设施可分为生产性与非生产性两大类。

生产性临时设施内容:现场加工制作的作业棚,如木工棚、钢筋加工棚、薄钢板加工棚;各种材料库、棚,如水泥库、油料库、卷材库、沥青棚、石灰棚;各种机械操作棚,如搅拌机棚、卷扬机棚;各种生产性用房,如锅炉房、机修房、水泵房等;其他设施,如变压器等等。

非生产性临时设施内容:办公室、工人宿舍、会议室、食堂、浴室、活动场所、医务室、厕所等。

(2) 临时设施布置

临时设施的布置,应遵循使用方便、有利施工、方便生活、尽量合并搭建、符合防火安全的原则;同时结合地形、施工道路的规划等因素分析考虑布置。各种临时设施均不能布置在拟建工程、拟建地下管沟、取土、弃土等地点。各种临时设施需要面积参考指标见表 6-7、表 6-8。

生产性临时设施房屋面积参考指标

表 6-7

序号	名　　称	单位	面积	备　注
1	木工作业棚	m²/人	2	占地为面积的 3～4 倍
2	电锯房	m²	80	1 台 863.6～914.4mm 圆锯
3	电锯房	m²	40	小圆锯一台
4	修锯间	m²	40	
5	钢筋作业棚	m²/人	3	占地为面积的 3～4 倍
6	混凝土搅拌棚	m²/台	10～18	400L 搅拌机
7	烘炉房	m²	30～40	铁工
8	卷扬机棚	m²/台	6～10	100t
9	焊工房	m²	20～40	
10	电工房	m²	15	
11	白铁工房	m²	20	
12	油漆工房	m²	20	
13	机、钳修理房	m²	20	
14	立式锅炉房	m²/台	5～10	
15	发电机房	m²/kW	0.2～0.3	
16	水泵	m²/台	3～8	
17	移动式空压机	m²/台	18～30	以 6m³/min 或 9m³/min 为例
18	固定式空压机	m²/台	9～15	以 10m³/min 或 20m³/min 为例

非生产性临时设施房屋面积参考指标

表 6-8

序号	行政、生活、福利建筑物名称	单位	面积	备　注
1	办公室	m²/人	3.5	使用人数按干部人数的 70% 计算
2	单身宿舍	m²		
	（1）单层通铺	m²/人	2.6～2.8	
	（2）双层床	m²/人	2.1	
	（3）单层床	m²/人	2.3	
3	家属宿舍	m²/户	3.2～3.5	
4	食堂兼礼堂	m²/人	16～25	不小于 30m²
5	医务室	m²/人	0.9	
6	理发室	m²/人	0.06	
7	浴室	m²/人	0.10	
8	开水室	m²	10～40	
9	厕所	m²/人	0.02～0.07	
10	工人休息室	m²/人	0.15	

6. 水、电管网的布置

（1）施工临时用水

施工用水根据实践经验，一般面积 5000～10000m² 单位工程施工用水的总管直径用直径 101.6mm 管，支管用直径 38.1mm 或直径 25.4mm 管。直径 101.6mm 管可供给一个消防龙头的水量。在施工现场应设消防水池、水桶、灭火机等消防设施。单位工程施工中的防火，一般利用建设单位永久性消防设备。若系新建工程则根据全工地性施工平面图来考虑。当水压不够时则可加设高压泵或蓄水池解决。工地临时供水包括施工生产、生活和消防用水三个方面。

1）施工用水量

施工用水量是指施工最高峰的某一天或高峰时期内平均每天需要的最大用水量，可按公式（6-15）计算：

$$q_1 = K_1 \sum Q_1 N_1 \frac{K_2}{8 \times 3600} \qquad (6\text{-}15)$$

式中　q_1——施工用水量;

　　　K_1——未预见的施工用水系数,取 $1.05 \sim 1.15$;

　　　K_2——施工用水不均衡系数(现场用水取 1.50;附属加工厂取 1.25;施工机械和运输机具取 2.00;动力设备取 1.1);

　　　N_1——用水定额,见表 6-9、表 6-10;

　　　Q_1——最大用水日完成的工程量、附属加工厂产量或机械台数。

2)生活用水量

生活用水量是指施工现场人数最多时职工的生活用水量,可按公式(6-16)计算:

$$q_2 = \frac{Q_2 N_2 K_3}{8 \times 3600} + \frac{Q_3 N_3 K_4}{24 \times 3600} \qquad (6\text{-}16)$$

式中　q_2——生活用水量;

　　　Q_2——现场最高峰施工人数;

　　　N_2——现场生活用水定额,每人每班用水量主要视当地气候而定,一般取 $20 \sim 60$L/人·班;

　　　K_3——现场生活用水不均衡系数,$1.30 \sim 1.50$;

　　　Q_3——居住区最高峰职工和家属居民人数;

　　　N_3——居住区昼夜生活用水定额,每人每昼夜平均用水量随地区和有无室内卫生设备而变化,一般取 $100 \sim 120$L/(人·昼夜);

　　　K_4——居住区生活不均衡系数,取 $2.00 \sim 2.50$。

现场或附属加工厂施工生产用水参考定额　　　　　表 6-9

序号	用水对象	单位	耗水量(L)	备注
1	浇筑混凝土全部用水	m³	1700~2400	
2	搅拌混凝土	m³	250	
3	混凝土养护(自然养护)	m³	200~400	
4	混凝土养护(蒸汽养护)	m³	500~700	
5	冲洗模板	m²	5	
6	冲洗石子	m³	600~1000	
7	清洗搅拌机	台班	600	
8	洗砂	m³	1000	当含泥量大于2%小于3%时
9	浇砖	千块	200~250	
10	抹面	m²	4~6	
11	楼地面	m²	190	
12	搅拌砂浆	m³	300	不包括调剂用水
13	消石灰	t	3000	主要是找平层

3)消防用水量

消防用水量 q_3 是指施工与生活区内需考虑的消防用水量,其用水量见表 6-11。

4)总用水量 Q 的计算

当 $q_1 + q_2 \leqslant q_3$ 时,则　　　　　$Q = \frac{1}{2}(q_1 + q_2) + q_3$ 　　　　　(6-17)

机械用水参考定额表 表 6-10

序号	用　途	单位	耗水量(L)	备　注
1	内燃挖土机	m³·台班	200～300	以斗容量 m³ 计
2	内燃起重机	t·台班	15～18	以起重吨数计
3	内燃压路机	t·台班	12～15	以压路机吨数计
4	拖拉机	台·t	200～300	
5	汽车	台·t	400～700	
6	空压机	(m³/min)·台班	40～80	以压缩空气(m³/min)计
7	内燃机动力装置(直流水)	马力·台班	120～300	
8	内燃机动力装置(循环水)	马力·台班	25～40	
9	锅炉	t·h	1000	以小时蒸发量计

消防用水量 表 6-11

序号	用 水 名 称	火灾同时发生次数	单位	用 水 量
1	居民区消防用水			
	5000 人以内	一次	L/s	10
	10000 人以内	二次	L/s	10～15
	25000 人以内	二次	L/s	15～20
2	施工现场消防用水			
	施工现场在 25hm² 内	一次	L/s	10～15
	每增加 25hm²	一次	L/s	5

当 $q_1 + q_2 > q_3$ 时，则

$$Q = q_1 + q_2 + q_3 \qquad (6\text{-}18)$$

当 $q_1 + q_2 < q_3$ 时，且工地面积小于 5hm² 时，则

$$Q = q_3 \qquad (6\text{-}19)$$

上述确定的总用水量，还需增加 10% 的管网可能产生的漏水损失，即

$$Q_总 = 1.1Q \qquad (6\text{-}20)$$

5）临时供水管径的计算

当总用水量确定后，即可按公式（6-21）计算供水管径

$$D_i = \sqrt{\frac{4000Q_i}{3.14v}} \qquad (6\text{-}21)$$

式中　D_i——某管段的供水直径，mm；

　　　Q_i——某管段用水量，L/s。供水总管段按用水量 $Q_总$ 计算，环状管网布置的各管段采用环管内同一用水量计算，枝状管段按各枝管内的最大用水量计算；

　　　v——管网中水流速度，一般取 1.5～2.0m/s。

当确定供水管网中各段供水管内的最大用水量和水流速度后，也可查表 6-12、表 6-13 选择管径。

6）供水管网的布置

（A）布置方式

临时给水管网一般有三种方式，即：枝状管网、环状管网和混合管网。

序号	管径 D_i (mm)	75		100		150		200		250	
	用水量 Q_i (L/s)	i	v	i	v	i	v	i	v	i	v
1	2	7.98	0.46	1.94	0.26						
2	4	28.4	0.93	6.69	0.52						
3	6	61.5	1.39	14	0.78	1.87	0.34				
4	8	109	1.86	23.9	1.04	3.14	0.46	0.765	0.26		
5	10	171	2.33	36.5	1.30	4.69	0.57	1.13	0.32		
6	12	246	2.76	52.6	1.56	6.55	0.69	1.58	0.39	0.529	0.25
7	14			71.6	1.82	8.71	0.80	2.08	0.45	0.692	0.29
8	16			93.5	2.08	11.1	0.92	2.64	0.51	0.886	0.33
9	18			118	2.34	13.9	1.03	3.28	0.58	1.09	0.37
10	20			146	2.60	16.9	1.15	3.97	0.64	1.32	0.41
11	22			177	2.86	20.2	1.26	4.73	0.71	1.57	0.45
12	24					24.1	1.38	5.56	0.77	1.83	0.49
13	26					28.3	1.49	6.64	0.84	2.12	0.53
14	28					32.8	1.61	7.38	0.90	2.42	0.57
15	30					37.7	1.72	8.40	0.96	2.72	0.62
16	32					42.8	1.84	9.46	1.03	3.09	0.66
17	34					48.4	1.95	10.6	1.09	3.45	0.70
18	36					54.2	2.06	11.8	1.16	3.83	0.74
19	38					60.4	2.18	13.0	1.22	4.23	0.78

注：v—流速（单位为 m/s）；i—压力损失（单位为 m/km 或 mm/m）。埋入地下一般选用铸铁管。

序号	管径 D_i (mm)	25		40		50		70		80	
	用水量 Q_i (L/s)	i	v	i	v	i	v	i	v	i	v
1	0.1										
2	0.2	21.3	0.38								
3	0.4	74.8	0.75	8.90	0.32						
4	0.6	159	1.13	18.4	0.48						
5	0.8	279	1.51	31.4	0.64						
6	1.0	437	1.88	47.3	0.80	12.9	0.47	3.76	0.28	1.61	0.20
7	1.2	629	2.26	66.3	0.95	18.0	0.56	5.18	0.34	2.27	0.24
8	1.4	859	2.64	88.4	1.11	23.7	0.66	6.83	0.40	2.97	0.28
9	1.6	1118	3.01	114	1.27	30.4	0.75	8.70	0.45	3.79	0.32
10	1.8			144	1.43	37.8	0.85	10.07	0.51	4.66	0.36
11	2.0			178	1.59	46.0	0.94	13.00	0.57	5.62	0.40
12	2.6			301	2.07	74.9	1.22	21.00	0.74	9.03	0.52
13	3.0			400	2.39	99.8	1.41	27.40	0.85	11.70	0.60
14	3.6			577	2.86	144.0	1.69	38.40	1.02	16.3	0.72
15	4.0					177.0	1.88	46.80	1.13	19.8	0.81
16	4.6					235.0	2.17	61.20	1.30	25.70	0.93
17	5.0					277.0	2.35	72.30	1.42	30.00	1.01
18	5.6					348.0	2.64	90.70	1.59	37.00	1.13
19	6.0					399.0	2.82	104.0	1.70	42.10	1.21

注：v—流速（单位为 m/s）；i—压力损失（单位为 m/km 或 mm/m）。

　　枝状管网由支管组成，管线短、造价低，但供水可靠性差，故适用于一般中小型工程；

环状管网能够保证供水的可靠性,但管线长、造价高,适用于要求供水可靠的建筑项目或建筑群;

混合管网是主要用水区和干管采用环状,其他用水区和支管采用枝状的混合形式,兼有两种管网的优点,一般适用于大型工程。

管网铺设方式有明铺和暗铺两种。为了不影响交通,一般以暗铺为好,但要增加费用;在冬期或寒冷地区,水管宜埋置在冰冻线以下或采用防冻措施。

(B) 布置要求

供水管网的布置应保证供水的前提下,使管道铺设越短越好,同时,还应考虑在施工期间支管具有移动的可能性;布置管网时尽量利用原有的供水管网和提前铺设永久性管网;管网的位置应避开拟建工程的地方;管网铺设要与土方平整规划协调。

工地排水沟管最好与排水系统结合,特别注意暴雨季节其他地区的地面水涌入现场的可能,在工地四周要设置排水沟。

除此之外,对比较复杂的单位工程施工平面图,应按不同施工阶段分别布置施工平面图。在整个施工期间,施工平面图中的管线、道路及临时建筑不要轻易变动。对于重型工业厂房,施工平面图还要考虑设备安装的用地和临时设施,土建与设备工程的施工用地要划分适当。

(2) 施工临时用电

施工临时用电在全工地性施工总平面中一并规划,若属于扩建的单位工程,一般计算出在施工期间的用电总数,提供给建设单位解决,往往不另设变压器。只有独立的单位工程施工时,计算出现场用量后,才选用变压器。工地变电站的位置应布置在现场的边缘高压线接入处,四周用铁丝围住或设置保护设施,变电站不宜布置在交通要道口。

1) 临时用电计算

施工临时用电包括动力用电和照明用电。可按公式 (6-22) 计算:

$$P = 1.05 \sim 1.1 P \left[K_1 \frac{\sum P_1}{\cos\varphi} + K_2 \sum P_2 + K_3 \sum P_3 + K_4 \sum P_4 \right] \qquad (6\text{-}22)$$

式中　　　　　P——供电设备总需要容量,kVA;

　　　　　　　P_1——电动机额定功率,kW,见表 6-14;

　　　　　　　P_2——电焊机额定功率,kW,见表 6-14;

　　　　　　　P_3——室内照明容量,kVA;

　　　　　　　P_4——室外照明容量,kVA;

　　　　　　　$\cos\varphi$——电动机的平均功率因数 (施工现场最高为 0.75~0.78,一般为 0.65~0.75);

K_1,K_2,K_3,K_4——分别为电动机、电焊机、室内照明、室外照明等设备和同期使用系数。K_1,K_2 值见表 6-15;K_3 一般取值 0.8;K_4 一般取 1。

2) 选择电源和变压器

选择电源最经济的方案是利用施工现场附近已有的高压线,但事先必须将施工中需要的用电量向供电部门申请;如在新辟的地区施工,不可利用已有的正式供电系统,则需自行解决发电设施。

序号	机 械 名 称	功率(kW)	序号	机 械 名 称	功率(kW)
1	国产 2～6t 塔式起重机	2.8	9	J$_1$-250 自落式混凝土搅拌机	5.5
2	蛙式打夯机	34.5	10	J$_4$-375 强制式混凝土搅拌机	10
3	40t 塔式起重机	71	11	400g 鼓形混凝土搅拌机(上海)	11.1
4	W-505 履带式起重机	48	12	HZ$_6$X-50 插入式振动机	1.1～1.5
5	W-1004 履带式起重机	80	13	软轴插入式振动器	0.55
6	W-2001 履带式起重机	140	14	BX$_3$-500-2 交流电焊机	38.6
7	UJ235 灰浆起重机	3	15	BX$_3$-300-2 交流电焊机	23.4
8	200L 灰浆搅拌机	2.2			

用电名称	数 量	同期使用系数	
		K	数值
电动机	3～10 台	K$_1$	0.7
	11～30 台		0.6
	30 台以上		0.5
电焊机	3～10 台	K$_2$	0.6
	10 台以上		0.5

变压器的容量可按公式（6-23）计算：

$$P = K \left[\frac{\sum P_{\max}}{\cos\varphi} \right] \tag{6-23}$$

式中 P——变压器的容量；

K——功率损失系数，取 1.05；

$\sum P_{\max}$——各施工区的最大计算负荷，kW；

$\cos\varphi$——功率因数，取 0.75。

根据计算所得的容量值，可从常用变压器产品目录中选用合适型号的变压器，见表 6-16，并使选定的变压器的额定容量稍大于或等于计算需要的容量值。

型 号	额定容量(kVA)	额定电压(kV)		损 耗(W)		总重(kg)
		高压	低压	空载	短路	
SJL$_1$-50/10(6.3,6)	50	10,6.3,6	0.4	222	1128,1098,1120	340
SJL$_1$-63/10(6.3,6)	63	10,6.3,6	0.4	255	1390,1342,1380	425
SJL$_1$-80/10(6.3,6)	80	10,6.3,6	0.4	305	1730,1670,1715	475
SJL$_1$-100/10(6.3,6)	100	10,6.3,6	0.4	349	2060,1985,2040	565
SJL$_1$-125/10(6.3,6)	125	10,6.3,6	0.4	419	2430,2325,2370	680
SJL$_1$-160/10(6.3,6)	160	10,6.3,6	0.4	479	2855,2860,2925	810
SJL$_1$-200/10(6.3,6)	200	10,6.3,6	0.4	577	3660,3530,3610	940
SJL$_1$-250/10(6.3,6)	250	10,6.3,6	0.4	676	4075,4060,4150	1080

3）配电导线截面的选择

在确定配电导线大小时，应满足以下三方面条件：首先，导线应有足够的力学强度，不发生断线现象；其次，导线在正常温度条件下，能够持续通过最大的负荷电流而本身温度不超过规定值；再次，电压损失应在规定的范围内，能保证机械设备的正常工作。

导线截面的大小一般按允许电流要求计算选择，以电压损失和力学强度要求加以复核，取三者中大值作为导线截面面积。

按允许电流选择，可按公式（6-24）计算：

$$I=\frac{1000P_z}{\sqrt{3}U\cos\varphi} \tag{6-24}$$

式中　I——某配电线路上负荷工作电流，A；

　　　U——某配电线路上的工作电压，V。在三相四线低压时取380V；

　　　P_z——某配电线路上总用电量，kW。

根据以上计算出的某线路上的电流以后，即可查表6-17选用导线的截面面积。

按允许电压损失选择截面大小，可按公式（6-25）计算

$$S=\frac{\sum(P_zL)}{C[\varepsilon]}=\frac{\sum M}{C[\varepsilon]} \tag{6-25}$$

式中　S——配电线截面面积，mm²；

　　　L——用电负荷至电源的配电线路长度，m；

　　　C——系数，三相线制中，铜线取77，铝线取46.3；

　　　$\sum M$——配电线路上负荷总和，kWm。它等于配电线路上每个用电负荷的计算用电量 P_z 与该负荷至电源的线路长度 L 的乘积之和；

　　　$[\varepsilon]$——配电线路上允许的电压损失值，动力负荷线路取10％，照明负荷线路取6％，混合线路取8％。

导线持续允许电流　　　　　　　　　　　　表 6-17

序号	导线标称截面面积（mm²）	裸　　　线		橡皮或塑料绝缘线（单芯 500V）			
		TJ 型	LJ 型	BX 型	BLX 型	BV 型	BLV 型
1	6	—	—	58	45	55	42
2	10	—	—	85	65	75	59
3	16	130	105	110	85	105	80
4	25	180	135	145	110	138	105
5	35	220	170	180	138	170	130
6	50	270	215	230	175	215	165
7	70	340	265	285	220	265	205
8	95	415	325	345	265	325	250
9	120	485	375	400	310	375	285
10	150	570	440	470	360	430	325
11	185	645	500	540	420	490	380

当已知导线截面大小时，可按公式（6-26）复核其允许电压损失值：

$$\varepsilon=\frac{\sum M}{CS}\leqslant[\varepsilon] \tag{6-26}$$

式中　ε——配电线路上计算的电压损失，％。

按力学强度要求复核所选导线截面面积应大于或等于力学强度允许的最小导线截面面

积。当室外配电电线架敷设在电线杆上，且电线杆间距为 20～40m 时，导线要求的最小截面面积见表 6-18。

导线按力学强度要求的最小截面积　　　　　　　　表 6-18

电　　线	裸　导　线		绝　缘　导　线	
	铜	铝	铜	铝
低压	6	16	4	10
高压	10	25	—	—

4）变压器及配电线路的布置

如果工程不大，只设置一个变压器的施工现场，配电线路可作枝状式布置，变压器一般设置在引入电源的安全地区；如果工地较大，需要设置若干个变压器时，则各变压器作环状式联结布置，从总的配电所的电源处引出供电线路网络，每个变压器引出到变压器负担的各用电点的线路可枝状布置，其配电线路尽可能引到各用电设备、用电所附近，以便各施工机械及动力设备或室内引接用电。一般说，各变压器应设置在该变压器所负担的用电设备集中、用电量最大的地点，这样使配电线路布置最短。但工地现场条件各不相同，变压器又是容易发生触电事故的地方，因此，必须从安全用电的原则考虑变压器设置，在其周围一定安全距离内应设置围墙或围网，宜架空布置在约 3m 高的架上；同时，变压器设置地点应避开施工中有强烈震动和污染严重的地方。各配电线路宜布置在路边，一般用木杆架空拉设，杆距为 25～40m；应保持线路的平直，高度一般为 4～6m，离开建筑物的安全距离为 6m；跨越铁路时，高度不小于 7.5m；各种情况下，各配电线路都不得妨碍交通运输和施工机械进场、退场、装拆、吊装等；也要避开作为堆场临时设施处；开挖沟槽（坑）和后期工程拟建设的地方。

五、质量安全文明等保证措施

工程质量的关键是从全面质量管理的角度出发，建立质量保证体系，采取切实可行的有效措施，从施工管理和操作人员、工程材料、施工机械、施工方法和工作环境等方面去保证工程质量。

建筑工程的施工由于其工作量大，工期长，受环境和气候影响大，不确定的因素多，稍有不慎，就会造成安全事故。因此，安全施工在单位工程施工组织设计中占有重要的地位。施工单位应建立安全保证体系，贯彻安全操作规程，分析施工中可能发生的安全问题，寻找危险隐患，有针对性地提出预防措施，切实加以落实，以保证施工安全。

施工现场必须要文明施工，文明施工是指在施工生产过程中，施工人员的施工活动和生活活动必须符合正常的秩序，减少对施工现场环境的不利影响，杜绝野蛮施工，从而使施工活动能够顺利进行。

第三节　单位工程施工组织设计实例

一、工程概况

大连某临港工业区管委会办公楼工程，总建筑面积 18701.3m²，总长 108.30m，宽 28.30m，占地面积 3064.89m²。建筑层数七层和局部八层，建筑总高度 30.85m。

建筑物立面左右对称,外墙面采用釉面砖;外窗采用铝合金(断桥铝)双层窗,局部玻璃幕墙;主入口1~2层为共享大厅;楼梯、走廊楼地面材料均采用花岗石;办公室均为水磨石楼地面,吊顶材料大部分采用轻钢龙骨吊矿棉吸声板;卫生间采用木龙骨PVC塑料板,墙地面采用瓷砖粘贴;屋面及卫生间防水材料采用SBS聚酯毡胎改性沥青卷材防水。

工程场地位于青河右岸一级阶地之上,场区地势平坦,高程变化不大。该场区除局部表层为人工堆积的填土外,主要为冲洪积而成的黏性土、砂土、碎石土。

建筑物结构体系为框架—剪力墙结构,抗震按设计烈度七度设防。基础为人工挖孔桩;外墙填充采用黏土空心砖夹80mm厚苯板墙体;内墙填充采用180mm厚黏土空心砖;电梯井道、楼板、楼梯采用C30现浇钢筋混凝土。本工程建筑结构设计使用年限50年,二类建筑物。

工程必须严格程序控制和过程控制,实施"强化验收,过程控制",把该工程建造成质量合格的目标,是本工程的核心任务。

工程计划开工日期为2010年5月21日,竣工日期为2010年11月20日,总工期为6个月。

二、组建项目经理部

(一)组织机构

为了使工程优质高效地按期施工,发扬整体协作优势,根据工程特点,组建一个对施工管理有较高专业水平和具有全面协调能力的工程项目部。其组织结构如图6-8所示。

(二)专业分工

总体施工各专业之间的衔接,以及施工程序控制,均由项目经理统一协调管理,各专业施工队应在现场项目部领导下,完成各自施工任务。

现场零散材料及各种配件供应、劳动力调配、施工机械设备组织进出场由项目经理部解决。水、电专业的配合,根据各专业要求按土建施工形象进度合理穿插配合施工,尽量不单独占用工期。施工现场临时水、电均由水电专业施工队负责。

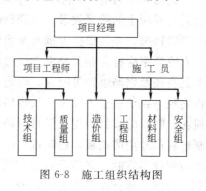

图6-8 施工组织结构图

三、施工方案

根据本工程的特点,将其划分为四个施工阶段:地下工程、主体结构工程、围护结构工程和装饰工程,按施工工艺进行施工。

四、施工方法及施工机械

(一)土方工程

1. 土方施工方法

土方施工方法采用机械挖土、人工挖孔桩的方法。机械挖土挖至承台底标高,局部如有杂填土须全部挖除。挖出的土除留够回填用土外,其余全部运走。土方机械选择见表6-19。

2. 人工挖孔桩的钎探

人工挖孔桩工程结束后需进行钎探。

名　　称	容　　量	效　　率	备　　注
挖土机	1.0~1.2m³	90~100m³/h	挖土与装土
自卸汽车	(15t)8.0m³	20m³/h	运土

（1）钎探工艺流程：根据钎探布置图测量定点→就位打钎→拔钎盖孔→记录→建设、设计、监理、勘察单位验槽。

（2）钎探点按梅花形布置，请专业公司负责此项工作，认真做好钎探记录，如发现异常通知有关部门。探完后，会同建设、设计、监理和勘察等部门共同验槽，分析钎探记录，确定符合设计要求后，方可进行下一步施工。

3. 土方回填

土方回填时，土的含水量和最大干密度必须符合要求，灰土必须按设计要求配料拌匀，采用蛙式打夯机分层压实，每层虚铺厚度不大于 250mm，灰土回填和土方回填必须按规定分层夯实，打夯应一夯压半夯，夯夯相连，纵横交叉，每层填土用环刀取样，测定其干密度和压实系数，满足要求后方可进行下一步施工。

（二）钢筋工程

钢筋进场后按要求进行原材料复试，严禁不合格钢材用于工程中，钢筋厂家和品牌提前向建设、监理单位报批。

1. 钢筋除锈、调直、切断

钢筋在下料前应先除锈，将钢筋表面的油渍、漆渍及浮皮、铁锈等清除干净，以免影响其与混凝土的粘接效果。盘圆钢筋除锈通过其冷拉调直过程来实现，螺纹钢筋除锈使用电动除锈机，并装设排尘罩及排尘管道，以免对环境造成污染。钢筋调直采用卷扬机，其调直冷拉率应符合相关要求。经过调直工艺后，钢筋应平直，无局部曲折。钢筋切断时根据其直径及钢筋级别等因素，确定使用钢筋切断机或手动液压切断机进行操作。切断时要将同规格钢筋根据不同长度长短搭配，统筹排料，先断长料，后断短料，减少短头，减少损耗。断料时长料不用短尺量，防止产生累积误差，工作台上应标出尺寸刻度线并设置控制短料尺寸用的挡板，切断过程中，如发现钢筋有劈裂、缩头或严重弯头等必须切除，硬度与钢种不符时，必须及时通知技术人员。钢筋断口有马蹄形或起弯现象时必须重新切断。切断长度允许误差为±5mm。

2. 钢筋加工

（1）施工现场设钢筋加工场，钢筋加工场配备先进的钢筋加工设备，并有严格的质量检验程序和有力的质量保证措施，确保钢筋的加工质量。现场建立严格的钢筋加工、安全管理制度，并制定节约措施，降低材料损耗。

（2）钢筋加工成型后，严格按规格、长度分别挂牌堆放，不得混淆。

（3）存放钢筋的场地要进行平整夯实，并设排水坡度。堆放时，钢筋下面要垫木方，离地面不少于 200mm，以防钢筋锈蚀和污染。

（4）钢筋要分部、分层、分段、按编号顺序堆放，同一部位或同一构件的钢筋要放在一处，并有明显标识。标识上注明构件名称、部位、钢筋型号、尺寸、直径、根数。

3. 钢筋绑扎

（1）钢筋绑扎前先熟悉施工图纸及规范，核对钢筋配料表及料牌。

（2）钢筋绑扎严格按照设计和相关规范、图集要求执行。

（3）钢筋搭接长度、锚固长度、钢筋的保护层、钢筋接头位置严格按照设计图纸和规范要求施工。

（4）绑扎形式复杂的结构部位时，应先研究逐根钢筋的穿插就位顺序，减少绑扎困难，避免返工，加快进度。钢筋过密时，先进行放样，采取相关措施。

（5）在施工前对作业班组进行详细的技术交底，把施工图纸消化透，明确绑扎顺序，并加强现场质量控制，严格规范化操作。

4. 钢筋的连接方式

（1）框架柱内竖向钢筋采用电渣压力焊连接，同一截面钢筋接头面积不能大于钢筋截面面积的 50%。

（2）梁主筋采用搭接连接。相邻钢筋接头位置错开 $40d$，下端接头位置在支座 1/3 范围内。

（3）剪力墙钢筋采用绑扎搭接，搭接长度 $35d$，竖向钢筋相邻钢筋接头相互错开一个搭接长度，横向钢筋相邻钢筋接头错开 500mm。

5. 梁钢筋

（1）梁的弯钩长度及平直长度按设计及规范要求。

（2）在主、次梁或次梁间相交处，按图纸要求对加密区设附加箍筋。

（3）次梁上下主筋应置于主梁上下主筋之上，纵向框架梁的上部主筋应置于横向框架梁上部主筋之上，当两者梁高相同时纵向框架连梁的下部主筋应置于横向框架梁下部主筋之上，当梁与柱或墙侧面相平时，梁该侧主筋应置于柱或墙竖向纵筋之内。

6. 柱钢筋

（1）柱钢筋按要求设置后，在其底板上口增设一道限位筋，保证柱钢筋的定位，柱钢筋上口设置一钢筋定位卡，保证柱钢筋位置准确。

（2）柱上、下两端箍筋加密，加密区长度及箍筋的间距均应符合设计要求。

7. 楼板钢筋

（1）清扫模板杂物，表面刷涂脱模剂后放出轴线及上部结构定位边线，在模板上划好主筋和分布筋间距，用墨线弹出每根主筋的线，依线绑扎。

（2）按所弹间距线先摆受力主筋，后摆分布筋。预埋件、电线管、预留孔等及时配合安装。

（3）楼板短跨方向上部主筋应置于长跨方向上部主筋之上，短跨方向下部主筋置于长跨方向下部主筋之下。

（4）绑扎板钢筋时，用顺扣或八字扣，除外围两根钢筋的相交点全部绑扎外，其他各点可交错绑扎。板钢筋为双层双向，为确保上部钢筋的位置，在两层钢筋间加设马凳，马凳用 $\phi12$ 钢筋加工而成。

8. 钢筋定位及保护层控制措施

所有钢筋必须绑扎到位，从放线开始检查，从审图放样开始计算。梁、柱节点处钢筋密集，接头多，钢筋绑扎时必须首先保证柱子立筋位置再安排梁主筋位置，箍筋相应调整，才能确保钢筋到位，箍筋贴牢受力筋。针对钢筋混凝土结构施工中钢筋位移，混凝土保护层厚度不均等质量通病，本工程在结构施工阶段墙、柱钢筋绑扎时，上口设置钢筋定距框，以控制墙、柱主筋全部到位，保证混凝土保护层完全正确。采用混凝土保护层专用定位塑料卡具代替传统砂浆垫块，保证钢筋在结构中的位置和混凝土保护层的厚度。

9. 电渣压力焊操作要点

（1）为防止轴线偏移，焊接时必须正确安装夹具和钢筋，并矫直钢筋端部。

（2）焊后不能过快拆卸夹具，防止钢筋弯折。

（3）如果出现咬边现象，应适当减小焊接电流，缩短焊接时间。

（4）应按要求烘焙焊剂，清除钢筋焊接部位的铁锈，并确保接缝在焊剂中合适的埋入深度，防止产生气孔。

（5）电渣压力焊接头必须检查其外观质量，焊包突出表面高度满足规范要求。

（三）模板工程

1. 一般要求

（1）模板是混凝土施工的关键，模板支设必须牢固、严密，决不允许在浇注混凝土时发生胀模和漏浆现象。

（2）模板尽量选用大块板；加强背楞刚度，加大拉杆直径，以增强模板刚度；拉通线全过程监控、校正；所有模板侧向应刨平整，以保证拼缝紧密；模板厚薄应挑选一致，确实无法挑选应在背面加垫片。

2. 支撑体系

（1）框架支模采用木支撑，因框架梁自重较大，故木支撑间距确定为 600mm。水平方向钉拉结板，离楼地面 500mm 设一道，以上每隔 2.0m 设一道，纵、横方向均设，每层至少两道。

（2）浇注柱混凝土时，必须采用工具式独立操作平台施工。混凝土输送泵管道托架严禁与柱模板及连续梁模板的支撑体系连接，以防外力使控制坐标网和模板位移。

3. 柱模板

（1）柱使用木胶合板模板，每面配成一块，合模后用 40mm×80mm 方钢或钢管配合螺栓加固。模板背龙骨用 90mm×90mm 方木，龙骨间距≤300mm。柱箍间距 500mm。柱子支撑使用 Φ48×3.5 钢管或可调拉杆，每面设 4 根支撑（或拉杆），上下各两道。

（2）柱模校正采用经纬仪或垂球，通过可调拉杆、纵横坐标钢丝，调整柱模拉杆螺栓，达到轴线位置准确，对角线相等，随后上紧柱箍扣件。在楼板混凝土施工时，事先预埋好校正模板的预埋铁件，模板根部预埋短钢筋。

4. 梁、板模板

（1）支梁底模时要校核起拱高度（起拱高度为 2‰），随时检查梁底平整度。大梁侧模板由对拉螺栓连接固定，竖向各设两排拉杆，横向间距 0.6m，侧模板组装要在梁两端拉线，以保证梁侧面的平整度，侧模外用木方作横肋，以保证大梁平直度，大梁间设水平支顶。

（2）调整顶板支柱高度，调平大龙骨后，铺设楼板模板。平台模板支完后，用水平仪检测模板高度，并调整模板的平整度。

（3）规范规定大于跨度 8m 的梁，底模拆除时混凝土强度必须达到 100% 设计强度，因此，模板占用期较长，影响工程进度。为使混凝土强度达 75% 便能拆模，必须缩短梁的跨度，故采用活络脱模法。在主、次梁交接处将支撑加强。这部分梁底模板在混凝土强度到100%后再拆除，其余部分可提前拆除。

（4）梁底支撑必须确保有足够的强度和刚度。一层梁板的顶撑要支在结实、平整，并有排水措施的基层上，并铺碎石，顶撑下垫50mm厚跳板通长设置。

5. 阳角、垂直度处理

（1）阳角处理方法：主要是柱阳角。为保证角方正、垂直和不漏浆，主要采用拉杆和90×90mm方木作竖压杆，用槽钢或钢管作横拉杆。梁、板模板支设前应先将梁、柱交界处的柱头模板支设好，然后再支主、次梁模板。

（2）垂直度：柱模垂直度可用拉杆加斜撑加固和控制。拉通线全过程监控，一排柱拉上、中、下3道通线，柱模安装后全面检查纠正，浇灌混凝土时随时校正，浇灌后1h内再复查。

6. 模板拆除

拆模时间必须按规范要求进行，不得提早拆模。底模板拆除时的混凝土强度要求见表6-20。

底模拆除时的混凝土强度要求　　　　　　　　　　　表 6-20

构件类型	构件跨度（m）	达到设计的混凝土立方体抗压强度标准值的百分率（%）
板	≤2	≥50
	>2，≤8	≥75
	>8	≥100
梁、拱、壳	≤8	≥75
	>8	≥100
悬臂构件	—	≥100

（四）混凝土工程

1. 混凝土的拌制

混凝土搅拌站根据现场所选用的水泥品种、砂石级配、粒径和外加剂等进行商品混凝土预配，优化配合比。试配结果通过项目部审核后，提前报送监理单位审查合格后，方可施工。塔吊要保证施工材料的运输，在施工安排时要合理穿插。

2. 人工挖孔灌注桩混凝土浇筑

（1）护壁混凝土工程

本工程护壁掘进过程中逐段在竖井内捣制，在较稳定的土层中，护壁的前段高度取900mm，当桩出现流砂的情况时，可在钢筋处塞稻草以挡泥砂流出，若遇严重情况时，可在护壁位置的四周打入14mm@100的二级钢筋，不致于造成桩孔的四周塌方。上下护壁间预埋纵向钢筋加以连接，使之成为整体。

（2）桩芯混凝土工程

当挖孔桩至设计要求的土质后，将井底残渣清除干净，由质监、建设、设计、监理和勘察等部门组织桩孔验收，达到设计要求后，再进行下道工序绑扎钢筋，浇筑桩芯混凝土。

（3）浇筑桩芯混凝土前的准备工作

溜斗、溜槽和串筒的准备。混凝土经过串筒而达到浇筑面，其自由落下的高度不宜大于 2m，否则会造成混凝土的分层和不均匀，影响混凝土的质量。桩芯混凝土的浇筑由操作人员用插入式振捣器分层捣实混凝土，前层厚度不超过 500mm，插入形式为垂直式。插点间距约 400~500mm，并且做到"快插慢拔"。每个桩的桩芯混凝土必须一次连续浇捣完毕，不留设施工缝，交接班间隙不超过 2h。注意控制桩芯混凝土的浇筑高度，以免造成桩芯混凝土浇筑过高（但必须高出设计桩顶标高 30mm 左右、在上部结构混凝土施工前把桩顶浮浆凿掉）。如桩顶浮浆过多时，必须将浆淘掉，再用坍落度小的混凝土浇筑，以不存在浮浆为宜。每一根桩芯混凝土做试件一组。

3. 墙、柱混凝土浇筑

（1）墙、柱及电梯井壁混凝土浇筑到梁板底，浇筑时要控制混凝土自由落下高度和浇筑厚度，防止离析，漏振。混凝土振捣采用赶浆法，新老混凝土施工缝处理应符合规范要求。严格控制下灰厚度及振捣时间，不得振动钢筋及模板，以保证混凝土质量。加强梁、柱接头及柱根部的振捣。防止漏振造成根部结合不良。

（2）因本工程楼层较高，为了避免发生离析现象，混凝土自高处倾落时，其自由倾落高度不宜超过 2m，如高度超过 2m，应设置串筒，或在柱模板上侧面留孔进行浇筑，为了保证混凝土结构良好的整体性，不留施工缝，混凝土应连续浇筑，如必须间歇时，间歇时间应尽量缩短，并应在下一层混凝土初凝前将上层混凝土浇筑完毕。

（3）浇筑柱子时，为避免柱脚出现蜂窝，在底部先铺一层 50mm 厚同混凝土配比无石砂浆，以保证接缝质量。

4. 梁、板混凝土浇筑

（1）施工组织

混凝土浇筑施工采取全过程控制、全方位质量管理方法，从搅拌、运输、入模、振捣到养护，每一环节均派专人负责、专人管理，达到在中间过程控制以确保最终结果控制的目的。

（2）浇筑前准备

1）现场临水、临电已接至施工操作面。

2）混凝土输送泵泵管沿外围护脚手架接至楼板向上布置，泵管架设于马凳上，泵管接头处必须铺设两块竹胶板，以防堵管时管内的混凝土直接倒在顶板上，难以清除。

3）楼板板面抄测标高，用短钢筋焊在板筋上，钢筋上涂红油漆或粘贴红胶带，标明高度位置，短钢筋的纵横间距不大于 3m，浇筑混凝土时，拉线控制混凝土高度，刮杠找平。

4）混凝土班组人员安排应分工明确，有序进行，每个混凝土班组应配备一名专职电工，三名木工和两名钢筋工，跟班组作业，以保障施工正常进行。

5）浇筑混凝土前，各工种详细检查钢筋、模板、预埋件是否符合设计要求。并办理隐蔽、预检手续。用水冲洗干净模板内遗留尘土及混凝土残渣，保持模板板面湿润、无积水。

6）根据混凝土浇筑路线铺设脚手板通道，防止已绑完钢筋在浇筑过程中被踩踏弯曲变形。

（3）浇筑顺序

混凝土浇筑顺序遵循先浇低部位、后浇高部位；先浇高强度、后浇低强度的原则。先浇混凝土与后浇混凝土之间的时间间隔不允许超过混凝土初凝时间。

（4）浇筑过程中注意事项

1）使用插入式振捣器应快插慢拔，插点要排列均匀，逐点移动，顺序进行，不得遗漏，移动间距为300~400mm。

2）浇筑混凝土应连续进行，如必须间歇，在下层混凝土初凝前必须将上层混凝土浇筑完毕。

3）混凝土浇筑过程中应经常观察模板、钢筋、预留孔洞、预埋件和插筋等是否移动、变形或堵塞，发现问题及时处理，并应在混凝土初凝前修整完毕。

4）柱头、梁端钢筋密集，下料困难时，浇筑混凝土应离开梁端下料，用振捣棒送至端部和柱头，对此部位应采用小直径振捣棒仔细振捣，保证做到不漏振、不过振，振捣不得触动钢筋和预埋件，振捣后检查梁端及柱头混凝土是否密实，不密实处人工捣实。

5）梁板混凝土浇筑时从一端开始用赶浆法连续向前进行。

6）梁板混凝土浇筑时，混凝土虚铺厚度可略大于板厚，用铁扒将泵管口处堆积混凝土及时扒开，摊平。

7）混凝土浇筑过程中，要加强成品保护意识，施工操作面铺设走道，不得直接踩踏钢筋，不得碰动预埋铁件和插筋。

8）混凝土泵管必须用马凳支撑，不得直接放在钢筋上，浇完混凝土后，及时将马凳移走并用振捣棒补振密实。

9）为防止向楼层输送混凝土时重力作用而使泵管内混凝土产生逆流现象，在混凝土出料口附近的输送泵管上加止流阀。

10）混凝土振捣完毕，用刮杠及时刮平。混凝土初凝后用木抹子搓毛、压实两遍，消除表面微裂缝。柱插筋上污染的水泥浆要清除干净，柱根混凝土表面在混凝土初凝后终凝前清除浮浆。

5. 混凝土的养护

混凝土浇筑完成后覆盖并进行养护，采用洒水养护法。气温较高时，楼板混凝土在浇筑完终凝后立即覆盖一层塑料薄膜，天气炎热时上面洒水降温。

（五）砌筑工程

1. 砖墙砌筑

在砌筑前要弹好墙轴线，并立好皮数杆。砖提前一天浇水湿润，砌砖时，采用"三一"砌砖法，即一铲灰、一块砖、一挤揉。砌砖一定要跟线，做到"上跟线，下跟棱，左右相邻要对平"。水平灰缝厚度和竖向灰缝宽度一般为10mm，但不应小于8mm，也不应大于12mm。

2. 工艺流程

基层清理→放线→焊接绑扎构造柱钢筋→钢筋验收→管线预留→排砖摆底→砌筑→窗下混凝土带（钢筋、模板、混凝土）→门窗洞顶混凝土过梁模板、钢筋→过梁以下构造柱模板→混凝土浇筑→过梁以上墙体砌筑→砌体验收。

3. 材料准备

（1）材料进场后按规范规定取样试验，经试验合格、外观合格的材料方可用于本工程。

（2）施工中所用的砂浆由试验室试配确定配合比，必须按照配合比进行搅拌施工，所用的水泥必须有出厂合格证或检验报告，并按规范要求复验合格后方可使用。

4. 施工要点

（1）结构施工期间根据设计要求及图集构造要求绘制构造柱分布图，用以指导结构施工期间构造柱预埋铁件施工，除上述规定位置需要留设构造柱预埋铁外，在异形交叉点等难以砌筑或难以保证砌体搭接要求的部位，按构造柱要求浇筑混凝土。

（2）砌体填充墙上有固定支架、洁具等部位，要求浇筑混凝土时，浇筑部位事前应与各专业协调后确定。

（3）各专业预留管道、管线密切配合砌筑，及时穿插作业，施工前制定详细施工计划，明确施工部位、时间，并发至各相关专业。

（4）隔墙与楼板交接处用实心砖斜砌实，砂浆要饱满。

（5）砌筑时每跨均立皮数杆，单面挂线，随着砌体的增高随时用靠尺校正平整度、垂直度。

（6）施工前先施工样板，经认可后方可大面积施工，施工期间专职质检员随时检查监督。室内地面有防水要求的房间，砌筑时底部300mm采用普通黏土砖，下边300mm高度墙体宜比上部墙收进15～20mm，以利于防水收尾施工，施工完成后同大墙面平。

（7）及时做好砂浆及混凝土试块的留置工作，并收集整理好技术资料。

（8）外墙高处施工作业应遵守《建筑施工高处作业安全规范》有关规定。

（六）外墙外保温施工

1. 基层处理

彻底清除基层墙体表面浮灰、油污、脱模剂、空鼓及风化物等影响粘结强度的材料。为增加聚苯板与基层及面层的粘结力，应在聚苯板两面各刷界面剂一道。

2. 配置专用粘结剂

（1）将5份（重量比）预拌砂浆倒入干净的塑料桶，加入1份净水，应边加水边搅拌，然后用手持式电动搅拌器搅拌5min，直到搅拌均匀，且稠度适中为止。

（2）将配置的粘结剂静置5min，再搅拌即可使用，配置好的粘结剂宜在1h内用完。

3. 安装聚苯板

（1）标准聚苯板规格尺寸为1200mm×600mm，用电热丝切割器或工具刀切割，尺寸允许偏差为±1.5mm。

（2）网格布翻包：门窗洞口、变形缝两侧等处的聚苯板上预粘网格布，总宽度约200mm，翻包部分宽度为80mm，具体做法如下：网格布裁剪长度为180mm加板厚。首先在翻包部位抹长度为80mm宽度为20mm的专用粘结剂，然后压入80mm长的网格布，余下的甩出备用。

（3）将配置好的专用粘结剂涂抹在聚苯板的背后，粘结剂压实厚度约为3mm，为保证粘结牢固，粘结方法可采用条粘法和条点法。

（4）条粘法：用齿口镘刀将专用粘结剂水平方向均匀地抹在聚苯板上，条宽10mm，厚度10mm，中距50mm。

（5）聚苯板粘贴应分段自下而上沿水平方向横向铺贴，每排板应错缝1/2板长，局部最小错缝不得小于100mm。

4. 安装固定件

(1) 固定件在聚苯板粘贴 8h 后开始安装，并在其后 24h 内完成。按设计要求的位置用冲击钻钻孔，孔径 10mm，钻入基层墙体深度约为 60mm，固定件锚入基层墙体的深度约为 50mm，以确保牢固可靠。

(2) 固定件个数按设计说明要求设置。

(3) 自攻螺钉应挤紧并将工程塑料膨胀钉帽与聚苯板表面齐整或略拧入一些，确保膨胀钉尾部回拧，使其与基层墙体充分锚固。

5. 聚苯板表面处理

(1) 聚苯板接缝不平处应用粗砂纸打磨，动作为轻柔的圆周运动，不要沿着与聚苯板接缝平行的方向打磨。

(2) 打磨后及时将聚苯板碎屑及浮灰用刷子清理干净。

(3) 作装饰线角，抹底层聚合物砂浆，压入网格布，抹面层聚合物砂浆。

6. 饰面层的施工

(1) 饰面层采用水溶性高弹涂料时，施工前应修补聚合物砂浆不平处，并用细砂纸打磨，然后进行涂料施工。

(2) 饰面层采用面砖时，粘结剂及勾缝砂浆应采用专用瓷砖粘结剂。

7. 修补孔洞

(1) 当脚手架拆除后，应及时对孔洞进行修补。对墙体孔洞用相同的基层墙体材料进行填补，并用 1∶3 水泥砂浆抹平。

(2) 根据孔洞尺寸切割聚苯板并打磨其边缘部分，使之能严密封填于孔洞处。并在聚苯板两面刷界面剂一道。

(3) 用湿毛刷将新旧表面不平整处整平，并将孔洞边缘刷平。

(七) 防水工程

1. 材料要求

防水材料必须有产品质量认证书、卷材出厂合格证、材质证明书。材料进场后要按要求抽样检验，合格后方可施工。

2. 工艺流程

基层清理→刷底油→施工附加层→卷材铺贴→质量检查→质量验收→保护层施工。

3. 施工要点

(1) 屋面找平层必须平整干燥，基层处理剂涂刷均匀。

(2) 按弹好标准线的位置，在卷材一端用喷灯火焰将卷材涂层熔融，随即固定在找平层表面，用喷灯火焰对卷材和基层表面的夹角，边熔融涂盖层边跟随熔融范围缓慢地滚铺卷材，将卷材与找平层粘结牢固。卷材的长短边搭接不小于 80mm。

(3) 女儿墙、落水口、管根、檐口、阴阳角等细部先做附加层，附加层做成圆角。

(4) 卷材铺贴完毕后，采用粘结剂将末端粘结封严，防止张嘴翘边。

(5) 卫生间防水层施工完成后，应及时做好防水保护层。

(八) 垂直运输和脚手架

1. 垂直运输

(1) 结构施工阶段，在现场北侧布置一台吊车，主要解决钢筋、模板、架子管的垂直运输。

（2）混凝土运输主要采用混凝土输送泵。

（3）装饰工程施工阶段布置两座龙门架解决装饰材料运输。

2. 脚手架工程

（1）本工程外脚手架采用钢管脚手架，操作层满铺脚手板，外挂安全网。

（2）脚手架下基土夯实，垫层高于室外地坪且有排水措施，立杆下垫垫木。

（3）脚手架所用各种材料要有足够的强度和刚度。按规定脚手架立杆纵距为1.2m，立杆横距为0.9m，横杆步距为1.5m，脚手架逐层与主体结构拉结，脚手架外侧设两道护身栏杆和一道180mm高的挡脚板，防护高度为1.2m。

（九）施工机具设备

主要施工机具见表6-21。

本工程主要施工机械设备表 表6-21

序号	机械或设备名称	型号规格	数量	产地	制造年份	额定功率(kW)	生产能力	备注
1	钢筋切断机	CJ40A	2	沈阳	2000	5.5		
2	钢筋弯曲机	GMT7-40	2	沈阳	2001	3.0		
3	钢筋调直机	G763-9	2	沈阳	2001	5.5		
4	电焊机	DN-25	6	沈阳	2000	24	25kW	
5	吊车	TQ315	1	北京	2001			
6	混凝土振捣器	ZJ50	15	沈阳	2001	1.1		
7	水泵	32VG	4	沈阳	1998	5.5	50m	
8	经纬仪	BJ2	2	北京	2001			
9	水准仪	S6	2	北京	2000			
10	卷扬机	JD-11.4	3	沈阳	1998	11.4		
11	拌合机	JS-350	3	天津	1997	5.5	350m³	
12	电锯			沈阳	1997	4.0		
13	电钻		6	沈阳	2000	1.1		
14	电锤		4	沈阳	1998	1.1		

（十）主要材料需要计划

主要材料需要计划见表6-22。

主要材料需要计划表 表6-22

序号	名称	型号	数量	进场时间
1	砂子		1987m³	5月10日起陆续进场
2	胶合木模板		7937m²	5月20日起陆续进场
3	木方		756m³	5月20日起陆续进场
4	钢模板		603m²	5月20日起陆续进场
5	木支撑		570m³	5月20日起陆续进场
6	钢管		105t	5月20日起陆续进场
7	安全网		7531m²	6月10日起陆续进场
8	钢筋	$\phi10$	253t	6月1日起陆续进场
9	钢筋	$\phi8$	116t	6月1日起陆续进场
10	钢筋	$\phi6.5, \phi12$	51t	6月1日起陆续进场
11	钢筋	$\phi25$	447t	6月1日起陆续进场
12	钢筋	$\phi22$	94t	6月1日起陆续进场
13	钢筋	$\phi20, \phi18, \phi16$	86t	6月1日起陆续进场
14	商品混凝土	C30	3746m³	5月20日起陆续进场
15	商品混凝土	C40	1992m³	6月1日起陆续进场

序号	名 称	型 号	数 量	进 场 时 间
16	水泥	32.5	857t	5月10日起陆续进场
17	水泥	425	61t	5月10日起陆续进场
18	空心砖	240×175×115	430 千块	6月20日起陆续进场
19	实心砖	240×115×53	464 千块	5月10日起陆续进场
20	聚苯板	1200×600×60	16 千块	8月1日起陆续进场
21	彩釉砖	45×195 等	10771m²	8月16日起陆续进场
22	矿棉板	300×600 等	11075m²	9月28日起陆续进场
23	花岗岩板		5337m²	8月16日起陆续进场

（十一）劳动力需求计划

本计划表是以每班八小时工作制为基础，劳动力需求计划见表6-23。

劳动力需求计划表　　　　　　　　　单位：人　表6-23

工 种	5月	6月	7月	8月	9月	10月	11月
钢筋工		30	30	15			
混凝土		21	21	21			
木工		50	50	50	25	25	10
力工	50	55	55	55	20	20	10
架子工		8	8	8	8	8	
电焊工		4	4	4	3	3	
瓦工		12	30	20	20		2
防水工					10		
抹灰工				40	40	40	2
机械工				9	9	9	
吊车		6	6	6			
油工				15	15	15	2
电工	6	10	10	15	15	15	20
水暖工	3	5	5	15	15	20	20
合计	59	189	201	283	180	158	66

五、主要管理措施

（一）安全施工措施

安全生产总目标：杜绝重大伤亡和机械事故，轻伤事故控制在2‰以内，确保省级文明工地。

安全工作总方针：安全第一，预防为主，综合治理。用"三宝"，堵"四口"，防"十临边"。

1. 挖孔桩及临边防护措施

挖孔桩及楼层临边要设置防护栏杆，防护栏杆由上、下两道横杆及栏杆柱组成，上杆距地面高度为1.2m，下杆离地高度为0.5m，并立挂安全网进行防护。

2. 洞口防护措施

进行洞口作业以及因工程和工序需要而产生的、使人或物有坠落危险或危及人身安全的其他洞口进行高空作业时，必须设置防护措施。边长小于500mm的洞口，必须加设盖板，盖板须能保持四周均衡，并有固定其位置的措施。楼板上的预留洞在施工过程中可保留钢筋网片，暂不割断，起到安全防护作用。边长大于1500mm的洞口，四周除设防护栏杆外，还要在洞口下边设水平安全网。

3. 模板安全施工措施

模板施工前，进行支撑系统的设计，编制施工方案并严格按方案执行。

模板拆除前必须确认混凝土强度达到规定并经拆模申请批准后方可进行。要有混凝土强度报告，混凝土强度未达到规定严禁提前拆模。

4. 脚手架安全防护

(1) 各类施工脚手架严格按照脚手架安全技术防护标准和搭设规范搭设，脚手架立网统一采用绿色密目网防护，密目网应绷拉平直，封闭严密。钢管脚手架不得使用严重锈蚀、弯曲、压扁或有裂纹的钢管，脚手架不得钢木混搭。

(2) 脚手架必须与主体结构拉接牢固，拉接点垂直距离不得超过 4m，水平距离不得超过 6m。拉接所用的材料强度不得低于双股 8 号镀锌铁丝的强度，高大脚手架不得使用柔性材料进行拉接。在拉接点处设可靠支顶。

(3) 脚手架的操作面必须满铺脚手板，离墙面不得大于 200mm，不得有空隙和探头板，施工层脚手板下一步架处兜设水平网。操作面外侧应设两道护身栏杆和一道挡脚板，防护高度为 1.2m。立挂安全网，下口封严。

5. 临时用电

(1) 建立现场临时用电检查制度，按照现场临时用电管理规定对现场的各种线路和设施进行定期检查和不定期抽查，并将检查、抽查记录存档。

(2) 独立的配电系统必须按采用三相五线制的接零保护系统，非独立系统可根据现场的实际情况采取相应的接零或接地保护方式，各种电气设备和电力施工机械的金属外壳、金属支架和底座必须按规定采取可靠的接零或接地保护。

(3) 在采用接地或接零保护方式的同时，必须设两级漏电保护装置，实行分级保护，形成完整的保护系统，漏电保护装置的选择应符合规定。

(4) 各种高大设施必须按规定装设避雷装置。

(5) 电动工具的使用应符合国家有关规定和标准，工具的电源线、插头和插座应完好，电源线不得任意接长和调换，工具的外绝缘应完好无损，维修和保管由专人负责。

(二) 消防管理措施

(1) 氧气瓶不得曝晒、倒置、平放使用，瓶口处禁止沾油。氧气瓶和乙炔瓶工作间距不得小于 5m，两瓶同焊接的距离不得小于 10m。

(2) 严格遵守有关消防方面的法令、法规，配备专、兼职消防人员，制定有关消防管理制度，完善消防设施，消除事故隐患。

(3) 现场设有消防管道、消防栓，楼层内设有消防灭火器材，并有专人负责，定期检查，保证完好备用。

(4) 现场实行用火审批制度，电、气焊工作时要有灭火器材，操作岗位上禁止吸烟，对易燃、易爆物品的使用要按规定执行，指定专人设库存放分类管理。

(5) 新工人进场要和安全教育一起进行防火教育，重点工作设消防保卫人员，施工现场值勤人员昼夜值班。

(三) 文明施工措施

(1) 按建设单位审定的平面规划图布置临时设施及施工机具、材料堆放场地，确定临时进出场线路。

（2）严格按计划和施工程序组织施工，以正确的施工程序协调、平衡各专业的工作安排，确保工程顺利进行。

（3）现场实行划区负责，分片包干。机具材料堆放整齐，每天须清运施工废料和垃圾到总包指定地点，保持场容场貌整洁卫生。

（4）进入施工现场人员按要求配置劳动保护用品，着装统一，佩戴胸卡。

（5）厉行节约，严禁长流水，长明灯。经常保持施工场地平整及道路排水畅通，做到无路障、无积水。

（6）加强检查监督，经常性地开展检查活动，及时制止不文明施工行为。

六、冬、雨期施工措施

（一）雨期施工措施

本工程施工将经历一个雨期施工，雨期施工主要为基础与主体工程。为了保证雨期施工的顺利进行，以及保证雨期施工中的工程质量良好，特制定以下具体雨期施工措施：

（1）应做好施工人员的雨期施工培训工作，组织相关人员进行一次施工现场准备工作的全面检查，包括临时设施、临电、机械设备防护等项工作。

（2）检查施工现场及生产、生活基地的排水设施，疏通各种排水渠道，清理雨水排水口，保证雨天排水通畅。

（3）检查脚手架，立杆底脚必须设置垫木或混凝土垫块，并加设扫地杆，同时保证排水良好，避免积水浸泡。所有马道、斜梯均应钉防滑条。

（4）在雨期到来前要对避雷装置作一次全面检查，确保防雷安全。

（5）工地使用的各种机械设备：如钢筋对焊机、钢筋弯曲机、卷扬机、搅拌机等应提前做好防雨措施，搭防护棚，机械安置场地高于自然地面，并做好场地排水。

（6）为保证雨期施工安全，工地临时用电的各种电线、电缆应随时检查是否漏电，如有漏电应及时处理，各种电缆该埋设的埋设，该架空的架空，不能随地放置，更不能和钢筋混在一起，以防电线受潮漏电。

（二）冬期施工措施

本工程内装修及少部分外装修工程正赶上冬期施工，为保证冬期施工的顺利进行，制定冬期施工措施。

（1）施工前，对有关人员进行系统专业知识的培训和思想教育，使其增加对有关冬期施工重要性的认识，根据具体施工项目的情况编制冬期施工方案，根据冬期施工项目的需要，备齐冬期施工所需物资。

（2）现场施工用水管道、消防水管接口要进行保温，防止冻坏。

（3）安装的取暖炉必须符合要求，经安全检查合格后方能投入使用。

（4）通道、马道等要采取防滑措施，要及时清扫通道、马道、爬梯上的霜冻及积雪，防止滑倒出现意外事故。

七、施工进度计划

确定本工程开工日期为2010年5月21日，竣工日期为2010年11月20日，施工的总日历天数为183天。施工进度计划表见表6-24。

八、施工平面布置图

为了便于管理，现场办公室、宿舍、伙房、木工作业场、钢筋作业场、砂、石、水泥库均集中在北面布置，塔吊布置在中间，龙门架布置在建筑物两端，施工用临水、临电布

施工进度计划表 （2010年5月～2010年11月） 表6-24

序号	主要施工过程	5		6			7			8			9			10			11	
		21	1	11	21	1	11	21	1	11	21	1	11	21	1	11	21	1	11	
1	施工准备工作																			
2	测量放线																			
3	挖孔桩工程																			
4	承台、地梁																			
5	回填夯实																			
6	一层框架结构																			
7	二层框架结构																			
8	三层框架结构																			
9	四层框架结构																			
10	五层框架结构																			
11	六层框架结构																			
12	七层框架结构																			
13	八层框架结构																			
14	砌筑工程																			
15	屋面工程																			
16	保温外饰面工程																			
17	门窗工程																			
18	内饰面工程																			
19	楼地面工程																			
20	台阶、散水																			
21	水、电安装																			
22	清理、竣工																			

置在场地四周。

施工平面布置图如图 6-9 所示。

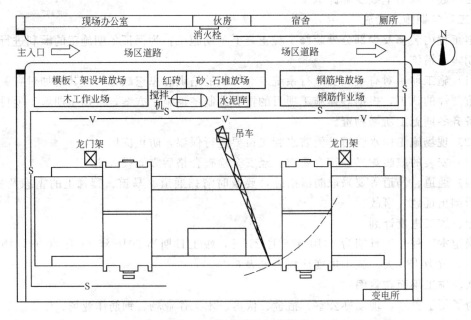

图 6-9　施工平面布置图

思 考 题

1. 什么是单位工程施工组织设计？
2. 编制单位工程施工组织设计的依据是什么？
3. 单位工程施工组织设计的编制程序是什么？
4. 单位工程施工组织设计包括哪些内容？
5. 何谓施工方案？施工方案要解决的主要问题是什么？
6. 何谓施工进度计划？编制施工进度计划的意义和作用是什么？
7. 编制施工进度计划的依据和程序是什么？
8. 试述编制施工进度计划的步骤？
9. 编制施工进度计划的方法有哪些？
10. 何谓施工平面图？
11. 施工平面图设计的意义？
12. 施工平面图设计的主要步骤是什么？
13. 单位工程施工平面图设计程序是什么？
14. 单位工程施工平面图安全质量保证措施是什么？

第七章　建筑工程施工进度控制

【学习重点】　建筑工程施工进度控制是贯穿于建筑工程施工全过程的控制工作。通过本章内容的学习：理解建筑工程施工进度控制措施、控制目标确定和控制内容；掌握施工进度的实施和检查方法；熟练掌握实际进度与计划进度比较的常用方法；掌握进度计划实施中调整的常用方法；理解工程延期和工程延误的区别；掌握工程延期处理的程序和方法；掌握工程延误处理的措施和方法。

第一节　建筑工程施工进度控制概述

一、施工进度控制的概念

建筑工程施工进度控制是贯穿于建筑工程施工全过程的控制工作。

建筑工程施工进度控制是针对建筑工程施工阶段按照工作内容、施工程序、持续时间和衔接关系，根据工程总进度计划、项目总工期目标及可利用资源的优化配置等原则编制好的施工进度计划，在其付诸实施过程中，检查实际进度是否按计划要求进行，对出现的偏差情况进行分析，采取补救措施或调整、或修改原计划后再付诸实施，如此循环，直到建设工程竣工验收交付使用。

建筑工程施工进度控制的最终目的是确保建设工程项目按预定的时间动用或提前交付使用，建筑工程施工进度控制的总目标是实际施工进度达到计划施工进度的要求。

进度控制是施工单位工程施工管理人员和监理单位工程监理人员的主要工作之一。尤其是工程监理人员，在工程施工进度计划实施过程中，对控制施工进度正常进行起着关键的作用。工程项目建设中，建设单位一般都委托监理单位对施工单位的施工进度进行控制。

由于在工程建设过程中存在着许多影响进度的因素，这些因素往往来自不同的部门、不同的时期、不同的原因，它们对建筑工程施工进度产生着复杂的影响。因此，进度控制人员必须事先对影响建筑工程施工进度的各种因素进行调查分析，预测他们对建筑工程施工进度的影响程度，确定合理的进度控制目标，编制可行的施工进度计划，使工程建设工作始终处于可控制、按计划地进行。

但是，不管施工单位的施工进度计划编制得如何周密、考虑得如何周到，其毕竟是人们的主观设想和良好愿望。在其实施过程中，必然会因为新情况的产生、各种干扰因素和风险因素的作用而发生变化，使人们难以执行原定的施工进度计划。为此，施工进度控制人员必须掌握动态控制原理，在施工进度计划执行过程中不断检查建设工程实际进展情况，并将实际状况与计划安排进行对比，从中得出偏离计划的信息。然后在分析偏差及其产生原因的基础上，通过采取组织、技术、经济、合同等措施，维持原计划，使之能正常实施。如果采取措施后不能维持原计划，则需要对原施工进度计划进行调整或修正，再按新的施工进度计划实施。这样，在施工进度计划的执行过程中进行不断地检查和调整，以保证建筑工程施工进度得到有效控制。

二、施工进度的影响因素

为了对建筑工程施工进度进行有效的控制，工程施工管理人员或工程监理人员必须在施工进度计划编制或实施之前对影响建设工程施工进度的各种因素进行分析，进而提出保证施工进度计划实施成功的措施，以实现对建筑工程施工进度的主动控制。影响建筑工程施工进度的因素有很多，归纳起来主要有以下几个方面：

（一）与工程建设相关单位的影响

影响工程建设施工进度的单位不只是施工单位。事实上，只要是与工程建设有关的单位（如政府主管部门、建设单位、勘察设计单位、物资供应单位、资金贷款单位，以及运输、通讯、消防、供电部门等），其工作进度的拖后必将对施工进度产生影响。因此，控制施工进度仅仅考虑施工单位是不够的，必须充分发挥工程监理的作用，利用监理的工作性质和特点，协调好各工程建设相关单位之间的工作进度关系。而对于那些无法进行协调控制的进度，在进度计划的安排中应留有足够的机动时间。

（二）工程材料、物资供应进度的影响

施工过程中需要的工程材料、构配件、施工机具和工程设备等，如果不能按照施工进度计划要求运抵施工现场，或者是运抵施工现场后发现其质量不符合有关工程质量验收规范的要求等，都会对施工进度产生影响。因此，工程施工管理人员和工程监理人员应严格把关，采取有效的措施控制好工程材料和物资的采购、质量的控制以及进入施工现场的时间。

（三）建设资金的影响

工程施工的顺利进行必须要有足够的资金作保障。一般来说，资金的影响主要来自建设单位（业主），或者是由于没有及时给足工程预付款，或者是由于拖欠了工程进度款，这些都会影响到施工单位流动资金的周转，进而殃及施工进度。工程施工管理人员应根据建设单位的资金供应能力，安排好施工进度计划；工程监理人员应督促建设单位及时拨付工程预付款和工程进度款，以免因资金供应不足而影响施工单位的正常施工，从而拖延了施工进度。

（四）工程设计变更的影响

在施工过程中出现工程设计变更是难免的，或者是由于原设计有问题需要修改；或者是由于建设单位提出了新的建筑功能要求；抑或是施工单位原因。工程监理人员应加强图纸的审查和管理，严格控制随意的设计变更，特别应对施工单位提出的变更设计要求进行制约。

（五）工程施工条件的影响

在施工过程中一旦遇到气候、水文、地质及周围环境等方面的变化而产生的不利因素，必然会影响到工程的施工进度。此时，施工单位应利用自身的施工技术和组织能力，在未发生时采取预防措施，发生后积极予以克服。工程监理人员应积极疏通各方关系，协助施工单位解决那些自身不能解决的问题。

（六）施工单位自身管理水平的影响

施工现场的情况千变万化，如果施工单位的施工方案不当，技术力量单薄，计划不周密，管理能力差，解决问题不及时等，都会影响建筑工程的施工进度。施工单位应通过分析、总结吸取教训，及时改进。而工程监理人员应提醒督促，协助施工单位解决问题，以确保施工进度控制目标的实现。

（七）其他各种风险因素的影响

其他各种风险因素包括政治、社会、经济、技术及自然等方面的各种可预见或不可预见的因素。政治方面的有战争、内乱、罢工、拒付债务、制裁等；社会方面的有社区居民权益、民工保险、安定和睦；经济方面的有延迟付款、汇率浮动、通货膨胀、施工分包单位违约等；技术方面的有工程事故、试验失败、标准变化等；自然方面的有地震、洪水等。工程监理人员必须对各种风险因素进行分析，提出控制风险、减少风险损失及各种风险因素对施工进度影响的措施，并对发生的各种风险事件给施工进度带来的影响予以恰当的处理。

正是由于上述各种因素的存在和影响，才使得建筑施工进度控制显得非常复杂和重要。在施工进度计划的实施过程中，工程监理人员一旦掌握了工程的实际进展情况以及产生问题的原因之后，其影响是可以得到控制的。当然，上述某些影响因素，如自然灾害等是无法避免的，但在大多数情况下，其损失是可以通过有效的进度控制而得到避免或弥补的。

三、施工进度控制措施

为了对施工进度进行有效的控制，工程施工管理人员或工程监理人员必须根据建筑工程的具体情况，认真分析可能影响施工进度的各种因素，然后制定施工进度控制的各种措施，以确保建筑工程施工进度控制目标的实现。进度控制的措施应包括组织措施、技术措施、经济措施及合同措施。

（一）组织措施

施工进度控制的组织措施主要包括：

（1）建立进度控制目标体系，明确施工单位项目管理机构中进度控制人员及其职责分工和现场监理组织机构中进度控制人员及其职责分工；

（2）建立施工进度报告制度及进度信息互相沟通网络；

（3）建立进度计划审核制度和进度计划实施中的检查分析制度；

（4）建立进度协调会议制度，一般可通过工地例会进行协调，明确工地例会举行的时间、地点、参加人员等；

（5）建立施工图纸审查、工程变更和设计变更管理制度。

（二）技术措施

施工进度控制的技术措施主要包括：

（1）监理单位审查施工单位提交的施工进度计划，使施工单位能在合理的施工进度计划下进行施工；

（2）监理单位编制进度控制监理工作细则，用于指导现场监理人员实施进度控制；

（3）施工单位或监理单位均可以采用网络计划技术及其他科学适用的计划方法，并结合计算机的应用，对建筑工程施工进度实施动态控制。

（三）经济措施

施工进度控制的经济措施主要包括：

（1）监理单位应及时办理工程预付款及工程进度款支付手续；

（2）监理单位应要求建设单位对施工单位应急赶工给予赶工费用、对工期提前给予适当的奖励；

（3）监理单位应协助建设单位对施工单位所造成的工程延误收取误期损失赔偿金；

（4）监理单位要加强对建设单位与施工单位之间的索赔管理，公正地处理索赔。

（四）合同措施

施工进度控制的合同措施主要包括：

（1）监理单位应加强合同管理，协调合同工期与进度计划之间的关系，保证合同中约定的进度目标的实现；

（2）监理单位应严格控制合同变更。对参与工程建设各方提出的工程变更和设计变更，进行严格审查后再补入合同文件之中；

（3）监理单位应加强风险管理，在合同中应充分考虑风险因素及其对施工进度的影响，以及相应的处理方法。

四、施工进度控制目标的确定

（一）施工进度控制目标体系

保证工程项目按期建成交付使用，是建筑工程施工进度控制的最终目的。为了有效地控制施工进度，首先要将施工进度总目标从不同角度进行由粗及细的层层分解，形成施工进度控制目标体系，从而作为实施施工进度控制的依据。

建筑工程施工进度控制目标体系如图 7-1 所示。

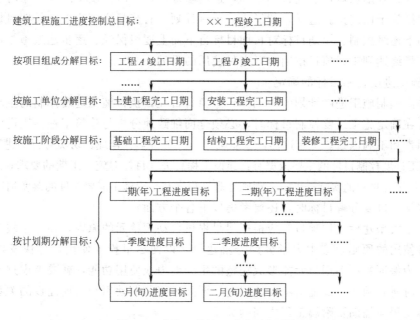

图 7-1　建筑工程施工进度目标分解图

从图 7-1 可以看出，建筑工程不但要有项目建成竣工交付使用的确切日期这个总目标，还要有各单位工程竣工动用的分目标以及按施工单位、施工阶段和不同计划期划分的分目标。各目标之间相互联系，共同构成建筑工程施工进度控制目标体系。其中，上一级目标制约下一级目标的实施，下一级目标保证上一级目标的实现，最终保证建筑工程施工进度总目标的实现。

1. 按项目组成分解，确定各单位工程开工及竣工日期

各单位工程的进度目标在工程项目建设总进度计划及建设工程年度计划中都有体现。在施工阶段应进一步明确各单位工程的开工和竣工日期，以确保建筑工程施工进度目标的实现。

2. 按施工单位分解，明确分工条件和承包责任

在一个单位工程中有多个施工单位同时参加施工时，应按照施工单位将单位工程的进度目标分解，确定出各分包单位的进度目标，列入分包合同，以便落实分包责任，并根据各专业工程交叉施工方案和前后衔接条件，明确不同施工单位工作面交接的条件和时间。

3. 按施工阶段分解，划定进度控制分界点

根据工程项目的特点，应将其施工分成几个阶段，如土建工程可分为地基与基础、主体结构和建筑装饰装修阶段。每一阶段的起止时间都要有明确的标志。特别是不同施工单位承包的不同施工段之间，更要明确划定时间分界点，以此作为形象进度的控制标志，从而使单位工程竣工目标具体化。

4. 按日期分解，组织综合施工

将工程项目的施工进度控制目标按年度、季度、月（或旬）进行分解，并用实物工程量、货币工作量及形象进度表示，将更有利于工程施工管理人员或工程监理人员明确对各施工单位的施工进度要求。同时，还可以据此监督各施工单位实施，检查各施工单位完成情况。编制的计划期愈短，进度目标愈细，进度跟踪就愈及时，发生进度偏差时也就更能有效地采取措施予以纠正。这样，就形成一个有计划、有步骤协调施工、长期目标对短期目标自上而下逐级控制、短期目标对长期目标自下而上逐级保证、逐步趋近施工进度总目标的局面，最终达到工程项目按期竣工交付使用的目的。

（二）施工进度控制目标的确定

为了提高编制施工进度计划的预见性，避免盲目性；执行施工进度控制的主动性，避免被动性。在确定施工进度控制目标时，必须全面细致地分析与建筑工程施工进度有关的各种有利因素和不利因素。只有这样，才能确定出一个科学、合理、切实可行的进度控制目标。确定施工进度控制目标的主要依据有：建设工程总进度目标对施工工期的要求；工程量清单计价相类似工程项目的实际进度；工程施工难易程度和工程施工需要条件的落实情况等。

在确定施工进度分解目标时，还要考虑以下各个方面：

（1）对于大型建设工程项目，应根据尽早提供可动用单元的原则，即尽早竣工一些单位工程交付使用的原则，集中力量分期分批建设，以便尽早投入使用，尽快发挥投资效益。这时，为保证每一动用单元能形成完整的生产能力或使用功能，就要考虑这些单位工程交付使用时所必须的全部配套项目。因此，要处理好前期动用和后期建设的关系、每期工程中主体工程与辅助及附属工程之间的关系等。

（2）合理安排好土建施工与设备安装的综合施工。要按照它们各自的施工特点，合理安排土建施工与设备基础、设备安装的先后顺序及搭接、交叉或平行作业，明确设备工程对土建工程的要求和土建工程为设备工程提供施工条件的内容及时间。

（3）参考同类工程项目建设的经验，结合本工程的特点，来确定施工进度目标。避免只按主观良好愿望盲目确定施工进度目标，从而在实施过程中由于各种因素造成施工进度失控。

（4）做好建设单位的资金供应能力、施工单位力量配备、物资（材料、构配件、设备）

供应能力与施工进度的平衡工作，确保工程进度目标的按要求进行而不至于使其落空。

（5）工程项目所在地区的地形、地质、水文、气象、人文、风俗等方面的限制条件。

（6）外部协作条件的配合情况。包括施工过程中及项目竣工动用所需的水、电、气、通讯、网络、道路及其他社会服务项目的满足程序和满足时间。他们必须与有关项目的进度目标相协调。

（7）政府主管部门的规划审批、工程检查、竣工验收备案等程序和需要的时间。

总之，要想对工程项目的施工进度实施控制，就必须有明确、合理的进度目标（进度总目标和进度分目标）。否则，施工进度控制便失去了意义。

五、施工进度控制的内容

进度控制是施工单位的工程施工管理人员的工作之一，更是监理单位的工程监理人员的重要工作之一。尤其是工程监理人员，工程开工前，工程监理人员需要审核施工单位报审的施工组织设计，这项工作由现场监理组织机构中的总监理工程师来完成。工程开工后，在施工进度计划实施过程中，工程监理人员要按照建设工程进度总目标的要求实施对施工进度的控制，这项控制工作由现场监理组织机构中的监理工程师来完成。

（一）建筑工程施工进度控制工作流程

建筑工程施工进度控制工作流程如图 7-2 所示。

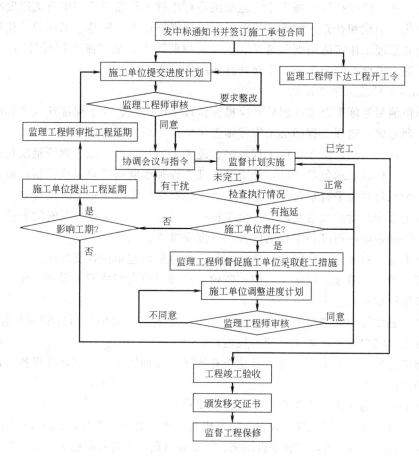

图 7-2　建筑工程施工进度控制工作流程图

（二）建筑工程施工进度控制工作内容

建筑工程施工进度控制工作从监理单位审核施工单位提交的施工进度计划开始，直至建筑工程保修期满为止，其工作内容主要有：

1. 编制施工进度控制监理工作实施细则

施工进度控制监理工作实施细则是在建设工程监理规划的指导下，由项目监理机构中进度控制部门的监理工程师负责编制，经总监理工程师审核同意的更具有针对性、实施性和操作性的监理业务文件。其主要内容包括：

（1）施工进度控制目标分解图；

（2）施工进度控制的主要工作内容和深度；

（3）进度控制人员的职责分工；

（4）与进度控制有关各项工作的时间安排及工作流程；

（5）进度控制的方法（包括进度检查周期、数据采集方式、进度报表格式、统计分析方法等）；

（6）进度控制的具体措施（包括组织措施、技术措施、经济措施及合同措施等）；

（7）施工进度控制目标实现的风险分析；

（8）尚待解决的有关问题。

事实上，施工进度控制监理工作实施细则是对建设工程监理规划中有关进度控制内容的进一步深化、细化和补充。如果将建设工程监理规划比作开展监理工作的"初步设计"，施工进度控制监理工作实施细则就是开展建设工程监理工作的"施工图设计"，它对监理工程师进行施工进度控制的实务工作起着具体的指导作用。

2. 编制或审核施工进度计划

施工单位编制好施工进度计划后，应提交监理单位审核。为了保证建筑工程的施工任务按计划如期完成，监理工程师必须审核施工单位提交的施工进度计划。

对于大型建设工程，由于单位工程较多、施工工期长，且采取分期分批发包的，没有一个负责全部工程的总承包单位时，就需要监理工程师编制施工总进度计划；或者当建设工程由若干个承包单位平行承包时，监理工程师也有必要编制施工总进度计划。施工总进度计划应确定分期分批的项目组成，各批工程项目的开工、竣工顺序及时间安排，全场性准备工程，特别是第一期准备工程的内容与进度安排等。

当建设工程有总承包单位时，监理工程师只需对总承包单位提交的施工总进度计划进行审核即可。而对于单位工程施工进度，监理工程师只负责审核而不需要编制。

施工进度计划审核的内容主要有：

（1）施工进度计划安排是否符合工程项目建设总进度计划中总目标和分目标的要求，是否符合施工合同中开工、竣工日期的规定；

（2）施工总进度计划中的工程项目是否有遗漏，分期施工是否满足分批投入使用的需要和配套动用的要求；

（3）施工顺序的安排是否符合施工工艺的要求；

（4）劳动力、材料、构配件、设备及施工机具、水、电等生产要素的供应计划是否能保证施工进度计划的如期实施，供应是否均衡、需求高峰期是否有足够能力实现计划供应；

（5）总包、分包单位分别编制的施工总进度计划与各项单位工程施工进度计划之间是否相协调，专业分工与计划衔接是否明确合理；

（6）对于建设单位负责提供的施工调节（包括资金、施工图纸、施工场地、采供的物资等），在施工进度计划中安排得是否明确、合理，是否有造成因建设单位违约而导致工程延期和费用索赔的可能存在；

（7）施工进度计划编制时是否考虑不可预见的因素而留有余地。

如果监理工程师在审查施工进度计划的过程中发现问题，应及时向施工单位提出书面修改意见（也称监理工程师通知单），并协助施工单位修改施工进度计划。其中的重大问题应及时向建设单位汇报。

编制和实施施工进度计划是施工单位的工作和责任。施工单位之所以将施工进度计划提交给监理工程师审查，一是施工承包合同约定；二是为了听取监理工程师的建设性意见。因此，监理工程师对施工单位提交的施工进度计划的审查或批准，并不等于解除了施工单位对施工进度计划的任何责任和义务。此外，对监理工程师来讲，其审查施工进度计划的主要目的是为了防止施工单位计划不当，而影响工程项目按期建成交付使用；以及为施工单位保证实现合同规定的进度目标提供帮助。如果强制地干预施工单位的进度计划安排，或替施工单位重新编制施工进度计划，或直接支配施工中所需要劳动力、设备和材料，这将是一种错误的行为。

尽管施工单位向监理工程师提交施工进度计划是为了听取建设性的意见，但施工进度计划一经监理工程师确认，即应当视为合同文件的一部分，它是以后处理施工单位提出的工程延期或费用索赔的一个重要依据。

3. 按年、季、月编制工程综合计划

在建设单位按工程建设项目计划期编制的进度计划中，监理工程师应着重解决各施工单位编制的施工进度计划之间、施工进度计划与资源（包括建设资金、工程设备、施工机具、建筑材料及劳动力）保障计划之间以及外部协作条件等的延伸性计划之间的综合平衡与相互衔接问题。并根据上一期施工进度计划的完成情况对本一期的施工进度计划作必要的调整，从而作为施工单位近期执行的指令性计划。

4. 下达工程开工令

监理工程师应根据建设单位和施工单位双方关于工程开工的准备情况，选择合适的时机发布工程开工令。

工程开工前监理人员应参加由建设单位主持召开的第一次工地会议，第一次会议纪要应由监理机构负责起草，并经与会各方代表会签。建设单位应按照合同规定，做好征地拆迁工作；及时提供施工用地；进场道路及水、电、通讯等已满足开工要求；工程建设有关手续已经政府主管部门批准；并已完成法律及财务方面的手续，以便能及时向施工单位支付工程预付款；施工许可证已获政府主管部门批准；施工单位现场管理人员已到位；开工所需要的人力、施工机具、主要建筑材料已准备或落实；施工组织设计已经总监理工程师批准。同时，建设单位已按合同规定为监理工程师提供各种工作条件，说明开工准备工作已基本完成。

工程开工令的发布要尽可能及时，因为从发布工程开工令之日算起，加上合同工期后即为工程竣工日期。如果开工令发布拖延，就等于推迟了竣工时间，甚至可能引起施工单位的索赔。

5. 检查、分析并协助监督施工单位实施施工进度计划施工单位开始工程施工后，监理工程师要随时了解施工进度计划执行过程中所存在的问题，并协助施工单位予以解决，特别是施工单位无力解决的内外关系协调问题。

监督施工进度计划的实施是监理工程师在建筑工程施工进度控制方面的主要的和经常性工作。监理工程师不仅要及时检查施工单位报送的施工进度报表和分析资料，同时一定要随时进行必要的现场实地检查，核实所报送的已完工程项目的时间及工程量，核实工程形象进度。

在对工程实际进度资料进行整理的基础上，监理工程师应将其与计划进度相比较，以判定实际工程进度是否出现偏差。如果出现进度偏差，监理工程师应进一步分析此偏差对进度控制目标的影响程度及其产生的原因，以便研究对策、提出纠偏措施。必要时还应对后期施工进度计划作适当的调整。

6. 组织现场协调会

监理工程师应每月、每周定期组织召开不同层级的现场协调会议，以解决工程施工过程中与施工进度有关的相互协调配合问题。

在每月召开的高级协调会上，监理单位通报工程项目建设的重大进度方面的变更事项，分析其后果，协商其处理方法；解决各个施工单位之间以及建设单位与施工单位之间的重大协调配合问题。

在每周召开的管理层协调会上，施工单位通报各自施工进度状况、存在的问题及下周的施工进度安排，解决施工中的相互协调配合问题。通常包括：各施工单位之间的进度协调问题；工作面交接和阶段成品保护责任问题；场地与公用设施利用中的矛盾问题；某一方面断水、断电、断路、开挖要求对其他方面影响的协调问题以及资源保证、外部协调条件配合问题等。

在平行、交叉施工单位多，工序交接频繁且工期紧迫的情况下，现场协调会甚至需要每日召开。在会上施工单位通报和监理单位检查当天的工程进度，确定薄弱环节，部署当天的赶工任务，以便为次日正常施工创造条件。

对于某些未曾预料的突发变故或问题，监理工程师还可以随时通过发布紧急协调指令，督促有关单位采取应急措施维护施工的正常秩序。

一般工程建设项目的施工进度协调会，往往通过每周一次工地例会来进行。

7. 签发工程进度款支付凭证

施工单位按每月完成的分部分项工程量申请工程款支付，监理工程师应对施工单位申报的已完分部分项工程量进行核实，在工程质量监理工程师检查验收合格后，及时签发工程进度款支付凭证。

8. 审批工程延期

造成工程进度拖延的原因一般可以分为两个方面：一是由于施工单位自身的各种原因产生的，这种进度拖延称为工程延误；二是由于施工单位以外的原因产生的，这种进度拖延称为工程延期。

（1）工程延误

当出现工程延误时，监理工程师有权要求施工单位采取有效措施加快施工进度。如果经过一段时间后，实际施工进度没有明显改进，仍然拖后于计划进度，而且显然影响工程按期竣工时，监理工程师应立即要求施工单位修改施工进度计划，并提交给监理工程师重新确认。

监理工程师对修改后的施工进度计划的确认，并不是对延长工期的批准，他只是要求施工单位在合理的状态下施工。因此，监理工程师对施工进度计划的确认，并不能解除施工单位应负的一切责任，施工单位需要承担赶工的全部额外开支和工程误期给建设单位带来的损失赔偿。

（2）工程延期

如果由于施工单位以外的原因造成工程进度拖延，施工单位有权提出延长工期的申请。监理工程师应根据合同规定，同意并审批工程延期时间。

经监理工程师核实批准的工程延期时间，应纳入合同工期，作为合同工期的一部分。即新的合同工期应等于原定的合同工期加上监理工程师批准的工程延期时间。

监理工程师对于施工进度的拖延，是否批准为工程延期，对施工单位和建设单位都十分重要。如果施工单位得到监理工程师批准为工程延期，不仅可以不赔偿由于工期延长而支付给建设单位的误期损失费，而且还要由建设单位承担由于工期延长所增加的所有费用。因此，监理工程师应按照合同的有关规定，严格、公正地区分工程延误或工程延期，并合理地批准工程延期时间。

9. 向建设单位提供进度报告

按照合同约定，监理工程师应随时整理施工进度资料，并做好工程施工进度记录，定期向建设单位提交工程进度书面报告，或不定期的口头报告。

10. 督促施工单位整理技术资料

单位工程竣工或分部、分项工程验收时，施工单位都需要提供工程技术资料。监理工程师要根据工程施工进度情况，督促施工单位及时整理好有关工程技术资料，以备工程验收。

11. 签署工程竣工报验单、提交质量评估报告

当单位工程达到竣工验收条件后，施工单位在自行组织有关人员预验的基础上，向建设单位提交工程验收报告，申请竣工验收。建设单位组织施工、设计、监理等单位进行工程验收。监理工程师在对竣工资料及工程实体进行全面检查、验收合格后，签署工程竣工报验单，并向建设单位提交工程竣工质量评估报告。

12. 整理工程进度资料

在工程竣工以后，监理工程师应将有关工程进度控制的资料收集、整理起来，进行归类、编目和建档，以便为今后其他类似工程项目的进度控制提供参考。

13. 工程移交

监理工程师应督促施工单位办理工程移交手续，颁发工程移交证书。在工程移交后的保修期内，还要处理验收后新产生的工程质量问题，解决质量发生的原因及有关责任等争议问题，并督促有关责任单位及时修理。当保修期结束且再无争议时，建筑工程进度控制的任务即告完成。

第二节　建筑工程施工进度计划的实施与检查

一、施工进度计划的实施

建筑工程施工进度计划由施工单位编制完成，并由施工单位的公司技术部门审核同意

后，工程开工前，随施工组织设计一起提交给监理工程师审查，待监理工程师审查确认后即可付诸实施。

施工单位按已批准的施工组织设计，组织劳动力、工程材料、构配件、施工机具等生产要素，按监理工程师确认的施工进度计划施工。

施工单位在执行施工进度计划的过程中，应接受监理工程师的监督与检查。而监理工程师应定期向建设单位报告工程进展情况。

二、施工进度计划的检查

在施工进度计划的实施过程中，由于受各种因素的影响，常常会打乱原始计划的安排而出现施工进度的偏差。因此，监理工程师必须对施工进度计划的执行情况进行动态检查和管理，如果出现实际进度与计划进度有偏差，就要分析进度偏差产生的原因，以便为施工进度计划的调整提供必要的信息。

（一）施工进度的信息获得

在建筑工程施工过程中，监理工程师可以通过以下方式或途径获得实际施工进度情况：

1. 收集由施工单位提交的有关进度报表

施工单位应当按照工地例会中约定的要求，定期向监理单位提供有关工程施工进度报表。

工程施工进度报表不仅是监理工程师实施施工进度控制的依据，同时也是监理工程师签发工程进度款支付凭证的依据。一般情况下，施工进度报表格式由监理单位提供给施工单位，施工单位按时填写完毕后提交给监理工程师核查。报表的内容根据施工对象及承包方式的不同而有所区别，但一般应包括工作的开始时间、完成时间、持续时间、逻辑关系、实物工程量和工作量，以及工作时差的利用情况等。施工单位应当准确地填写施工进度报表，这样监理工程师就能从中了解到建筑工程施工的实际进展情况。

2. 现场跟踪检查工程的实际进展情况

为了避免施工单位超报已完工程量而给监理工程师造成施工进度的假象。工地监理工作人员有必要经常进行施工现场实地的检查。至于每隔多长时间检查一次，应视建设工程的类型、规模、监理范围及施工现场的条件等多方面的因素而定。可以每旬或每周检查一次，也可以隔天或每天检查一次。如果在某一施工阶段出现不利情况时，这时需要每天检查。

3. 召开工地例会

在施工过程中，总监理工程师每周主持召开工地例会。工地例会的主要内容是检查分析施工进度计划完成情况，提出下一阶段施工进度目标及其落实措施。施工单位应汇报上周的施工进度计划执行情况，工程有无延误。如有工程延误，延误的原因。下周的施工进度计划安排。通过这种面对面的交谈，监理工程师可以从中了解到施工进度是否正常，施工进度计划执行过程中存在的潜在问题，以便及时采取相应的措施加以预防。

（二）施工进度的检查方法

施工进度检查的主要方法是对比法。将经过整理的实际施工进度数据与计划施工进度数据进行比较，从中分析是否出现施工进度偏差。如果没有出现施工进度偏差，则按原施工进度计划继续执行；如果出现施工进度偏差，则应分析进度偏差的大小。

通过检查分析，如果施工进度偏差比较小，应在分析其产生原因的基础上采取有效措施，如组织措施或技术措施，主要是解决矛盾，排除障碍，继续执行原进度计划；如果经过努力，确实不能按原计划实现时，再考虑对原计划进行必要的调整或修改。即适当延长工期，或改变施工速度，或改变施工内容。

施工进度计划的不变是相对的，改变是绝对的。施工进度计划的调整一般是不可避免的，但应当慎重，尽量减少重大的计划性调整。

第三节　建筑工程施工实际进度与计划进度比较

一、实际进度与计划进度的比较方法

实际进度与计划进度的比较是建筑工程进度检查的重要环节。常用的进度比较方法有横道图比较法、S曲线比较法、香蕉曲线比较法、前锋线比较法和列表比较法等。

（一）横道图比较法

横道图比较法是指将工程项目实施过程中检查实际进度收集到的数据，经加工整理后直接用横道线平行绘于原计划的横道线处，进行实际进度与计划进度的比较方法。采用横道图比较法，可以简单、形象、直观地反映实际进度与计划进度的比较情况。

例如某工程项目基础工程计划进度和截止到第8周末的实际进度如图7-3所示，其中双线条表示该工程计划进度，粗实线表示实际进度。从图中实际进度与计划进度的比较可以看出，到第8周末进行实际进度检查时，基槽挖土、混凝土垫层和支模板等工作已经完成；绑扎钢筋按计划也应该完成，但实际只完成50%，任务量拖欠50%；混凝土基础按计划应该完成33%，而实际上还没开始。

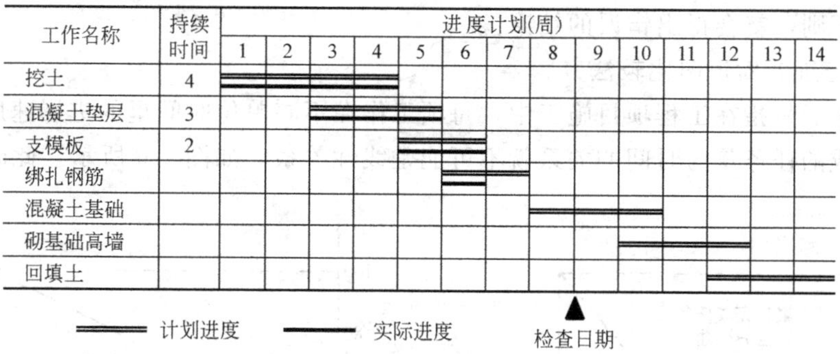

工作名称	持续时间	进度计划(周)													
		1	2	3	4	5	6	7	8	9	10	11	12	13	14
挖土	4														
混凝土垫层	3														
支模板	2														
绑扎钢筋															
混凝土基础															
砌基础高墙															
回填土															

━━━ 计划进度　　━━ 实际进度　　　▲ 检查日期

图 7-3　某基础工程实际进度与计划进度比较图

根据各项工作的施工进度偏差，施工单位工程施工管理人员和监理单位工程监理人员可以采取相应的纠偏措施对进度计划进行调整，以确保该工程按期完成。

图7-3所表达的比较方法仅适用于工程项目中的各项工作都是均匀进展的情况，即每项工作在单位时间内完成的任务量都相等的情况。事实上，工程项目中各项工作的进展不一定是匀速的。根据工程项目中各项工作的进展是否匀速，可分别采用以下两种方法进行实际进度与计划进度的比较。

1. 匀速进展横道图比较法

匀速进展是指在工程项目施工中，每项工作在单位时间内完成的任务量都是相等的，即工作的进展速度是均匀的。此时，每项工作累计完成的任务量与时间成线性关系，如图7-4所示。完成的任务量可以用实物工程量、劳动消耗量或费用支出等表示。为了便于比较，通常用上述物理量的百分比表示。

采用匀速进展横道图比较法时，其步骤如下：

（1）编制横道图进度计划。

（2）在进度计划上标出检查日期。

（3）将检查收集到的实际进度数据经加工整理后按比例用涂黑的粗线标于计划进度的下方，如图7-5所示。

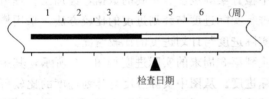

图 7-5　匀速进展横道图比较图

图 7-4　工作匀速进展时任务量与时间关系曲线

（4）对比分析实际进度与计划进度：

1）如果涂黑的粗线右端落在检查日期左侧，表明实际进度拖后；

2）如果涂黑的粗线右端落在检查日期右侧，表明实际进度超前；

3）如果涂黑的粗线右端与检查日期重合，表明实际进度与计划进度一致。

必须指出，这种方法仅适用于工作从开始到结束的整个过程中，其进展速度均为固定不变的情况。如果工作的进展速度是变化的，则不能采用这种方法进行实际进度与计划进度的比较。否则，就会得出错误的结论。

2. 非匀速进展横道图比较法

非匀速进展是指在工程项目施工中，每项工作在不同单位时间里的进展速度是不相等时，累计完成的任务量与时间的关系就不可能是线性关系，如图7-6所示。此时，应采用

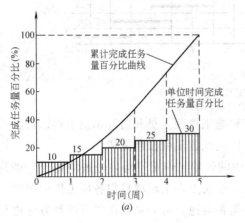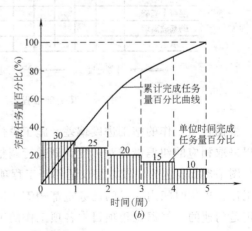

图 7-6　工作非匀速进展时任务量与时间关系曲线

（a）任务量递增时；（b）任务量递减时

非匀速进展横道图比较法进行工作实际进度与计划进度的比较。

非匀速进展横道图比较法在用涂黑粗线表示工作实际进度的同时，还要标出其对应时刻完成任务量的累计百分比，并将该百分比与其同时刻计划完成任务量的累计百分比相比较，判断工作实际进度与计划进度之间的关系。

采用非匀速进展横道图比较法时，其步骤如下：

（1）编制横道图进度计划。

（2）在横道线上方标出各主要时间工作的计划完成任务量累计百分比。

（3）在横道线下方标出相应时间工作的实际完成任务量累计百分比。

（4）用涂黑粗线标出工作的实际进度，从开始之日标起，同时反映出该工作在实施过程中的连续与间断情况。

（5）通过比较同一时刻实际完成任务量累计百分比和计划完成任务量累计百分比，判断工作实际进度与计划进度之间的关系：

1）如果同一时刻横道线上方累计百分比大于横道线下方累计百分比，表明实际进度拖后，拖欠的任务量为二者之差；

2）如果同一时刻横道线上方累计百分比小于横道线下方累计百分比，表明实际进度超前，超前的任务量为二者之差；

3）如果同一时刻横道线上下方两个累计百分比相等，表明实际进度与计划进度一致。

可以看出，由于工作进展速度是变化的，因此，在图 7-3 中的横道线上，无论是计划的还是实际的，只能表示工作的开始时间、完成时间和持续时间，并不表示计划完成的任务量和实际完成的任务量。此外，采用非匀速进展横道图比较法，不仅可以进行某一时刻（如检查日期）实际进度与计划进度的比较，而且还能进行某一时间段实际进度与计划进度的比较。当然，这需要实施部门按规定的时间记录当时的任务完成情况。

【例 7-1】 某工程基础施工中的钢筋绑扎工作按施工进度计划安排需要 8 周完成，每周计划完成的任务量百分比如图 7-7 所示。第五周末检查时，每周实际完成的任务量百分比如图 7-8 所示。试进行横道图比较法分析。

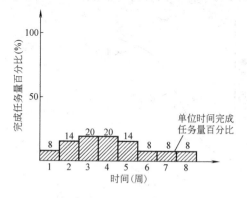

图 7-7 钢筋绑扎工作进展时间
与计划完成任务量关系图

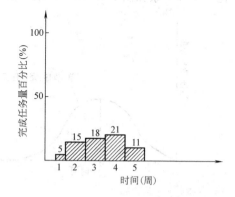

图 7-8 钢筋绑扎工作进展时间
与实际完成任务量关系图

【解】

1. 编制横道图进度计划，如图 7-9 所示。

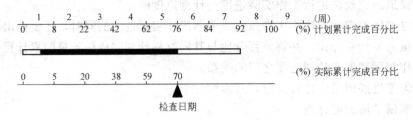

图 7-9 非匀速进展横道图比较图

2. 在横道线上方标出钢筋绑扎工作每周计划累计完成任务量的百分比，分别为 8%、22%、42%、62%、76%、84%、92% 和 100%。

3. 在横道线下方标出第 1 周至检查日期（第 5 周末），每周实际累计完成任务量的百分比，分别为 5%、20%、38%、59%、70%。

4. 用涂黑粗线标出实际投入的时间。图 7-9 表明，该工作实际开始时间晚于计划开始时间，在开始后连续工作，没有中断。

5. 比较实际进度与计划进度。从图 7-9 中可以看出，该工作在第一周实际进度比计划进度拖后 3%，以后各周末累计拖后分别为 2%、4%、3% 和 6%。

横道图比较法虽然比较简单、形象直观、易于掌握、使用方便等优点，但是由于其以横道计划原理为基础，因而带有不可克服的局限性。在横道计划中，各项工作之间的逻辑关系表达不明确，关键工作和关键线路无法确定。一旦某些工作实际进度出现偏差时，难以预测其对后续工作和工程项目总工期的影响，也就难以确定相应的施工进度计划调整方法。因此，横道图比较法主要用于工程项目中某些工作实际进度与计划进度的局部比较。

（二）S 曲线比较法

从整个工程项目实际进展全过程看，单位时间投入的资源量一般是开始和结束时较少，中间阶段较多。与其相对应，单位时间完成的任务量也呈同样的变化规律，建立相互之间坐标关系，则如图 7-10 (a) 所示。而随工程进展累计完成的任务量则应呈 S 形变化，坐标关系如图 7-10 (b) 所示。由于其形似英文字母"S"，故称为 S 曲线。

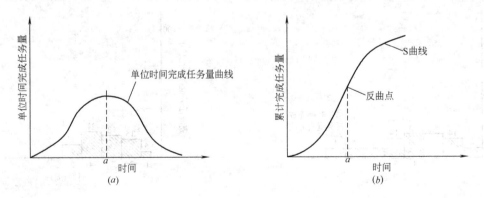

图 7-10 时间与完成任务量关系曲线
(a) 单位时间完成任务量；(b) 累计完成任务量

S 曲线比较法是以横坐标表示时间，纵坐标表示累计完成任务量，绘制一条按计划时间累计完成任务量的 S 曲线；然后将工程项目施工过程中各检查时间实际累计完成任务量

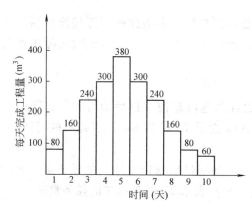

图 7-11 每天完成工程量图

的 S 曲线也绘制在同一坐标系中，进行实际进度与计划进度比较的一种方法。

1. S 曲线的绘制方法

【例 7-2】 某土方工程的总开挖量为 $2000m^3$，按照施工方案，计划 10 天完成，每天计划完成的土方开挖量如图 7-11 所示，试绘制该土方工程的计划 S 曲线。

【解】 根据已知条件：

（1）确定单位时间计划完成任务量

将每天计划完成土方开挖量列于表 7-1 中；

完成工程量汇总表　　　　　　　　　　　　表 7-1

时间（天）	1	2	3	4	5	6	7	8	9	10
每天完成量（m³）	80	160	240	300	380	300	240	160	80	60
累计完成量（m³）	80	240	480	780	1160	1460	1700	1860	1940	2000

（2）计算不同时间累计完成任务量

依次计算每天计划累计完成的土方开挖量，结果列于表 7-1 中；

（3）根据累计完成任务量绘制 S 曲线

根据每天计划累计完成土方开挖量而绘制的 S 曲线如图 7-12 所示。

2. 实际进度与计划进度的比较

同横道图比较法一样，S 曲线比较法也是在图上进行工程项目实际进度与计划进度的直观比较。一般情况，进度控制人员在工程项目施工过程中，按照规定时间将检查收集到的实际累计完成任务量，按照 S 曲线的绘制方法绘制在原计划 S 曲线图上，即可得到实际进度 S 曲线，如图 7-13 所示。通过比较实际进度 S 曲线和计划进度 S 曲线，可以获得如下信息：

（1）工程项目实际进度状况

如果工程实际进展点落在计划 S 曲线左侧，表明此时实际进度比计划进度超前，如图

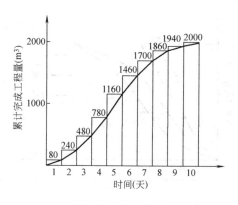

图 7-12　S 曲线图

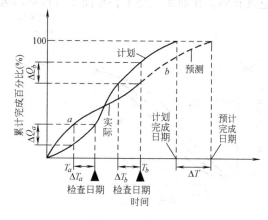

图 7-13　S 曲线比较

7-13 中的 a 点；如果工程实际进展点落在 S 计划曲线右侧，表明此时实际进度拖后，如图 7-13 中的 b 点；如果工程实际进展点正好落在计划 S 曲线上，则表示此时实际进度与计划进度一致。

（2）工程项目实际进度超前或拖后的时间

在 S 曲线比较图中可以直接读出实际进度比计划进度超前或拖后的时间。如图 7-13 所示，ΔT_a 表示 T_a 时刻实际进度超前的时间；ΔT_b 表示 T_b 时刻实际进度拖后的时间。

（3）工程项目实际超额或拖欠的任务量

在 S 曲线比较图中也可以直接读出实际进度比计划进度超额或拖欠的任务量。如图 7-13 所示，ΔQ_a 表示 T_a 时刻超额完成的任务量，ΔQ_b 表示 T_b 时刻拖欠的任务量。

（4）后期工程进度预测

如果后期工程按原计划速度进行，则可做出后期工程计划 S 曲线如图 7-13 中虚线所示，从而可以确定工期拖延预测值 ΔT。

（三）香蕉曲线比较法

香蕉曲线是由两条 S 曲线组合而成的闭合曲线。由 S 曲线比较法可知，工程项目累计完成的任务量与计划时间的关系，可以用一条 S 曲线表示。

对于一个工程项目，如果施工进度计划编制的是网络计划，那么可以其中各项工作的最早开始时间安排进度而绘制的 S 曲线，称为 ES 曲线；如果以其中各项工作的最迟开始时间安排进度而绘制的 S 曲线，称为 LS 曲线。两条 S 曲线具有相同的起点和终点，因此，两条曲线是闭合的。在一般情况下，ES 曲线上的其余各点均落在 LS 曲线的相应点的左侧。由于该闭合曲线形似"香蕉"，故称为香蕉曲线，如图 7-14 所示。

1. 香蕉曲线比较法的作用

香蕉曲线比较法能直观地反映工程项目的实际进度情况，并可以获得比 S 曲线更多的信息。其主要作用有：

（1）合理安排工程项目进度计划

如果工程项目中的各项工作均按其最早开始时间安排施工进度，将导致项目的投资加大；而如果各项工作都按其最迟开始时间安排施工进度，则一旦受到影响施工进度的各种因素干扰，又将导致工期拖延，使工程进度如期完成的风险加大。因此，一个科学合理的进度计划优化曲线应处于香蕉曲线所包络的区域之内，如图 7-14 中的点划线所示。

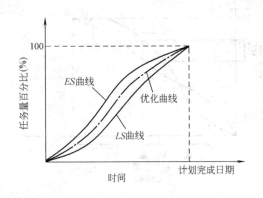

图 7-14 香蕉曲线比较图

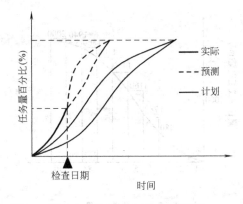

图 7-15 工程进展趋势预测图

（2）定期比较工程项目的实际进度与计划进度

在工程项目的实施过程中，进度控制人员可以根据每次检查收集到的实际完成任务量，绘制出实际进度S曲线，便可以与计划进度进行比较。工程项目实际进度的理想状态是任一时刻工程实际进展点应落在香蕉曲线图的范围之内。如果工程实际进展点落在ES曲线的左侧，表明此刻实际进度比各项工作按其最早开始时间安排的施工进度计划超前；如果工程实际进展点落在LS曲线的右侧，则表明此刻实际进度比各项工作按其最迟开始时间安排的施工进度计划拖后。

（3）后期工程进度趋势

利用香蕉曲线可以对后期工程的进度情况进行预测。例如在图7-15中，该工程项目在检查日实际施工进度超前。检查日期之后的后期工程进度安排如图中虚线所示，预计该工程项目将提前完成。

2. 香蕉曲线的绘制方法

香蕉曲线的绘制方法与S曲线的绘制方法基本相同，所不同之处在于香蕉曲线是以工作按最早开始时间安排施工进度和按最迟开始时间安排施工进度分别绘制的两条S曲线组合而成。其绘制步骤如下：

（1）以工程项目的网络计划为基础，按网络计划时间参数计算方法，计算各项工作的最早开始时间和最迟开始时间。

（2）确定各项工作在各单位时间的计划完成任务量。分别按以下两种情况考虑：

1）根据各项工作按最早开始时间安排的施工进度计划，确定各项工作在各单位时间的计划完成任务量；

2）根据各项工作按最迟开始时间安排的施工进度计划，确定各项工作在各单位时间的计划完成任务量。

（3）计算工程项目总任务量，即对所有工作在各单位时间计划完成的任务量累加求和。

（4）分别根据各项工作按最早开始时间、最迟开始时间安排的施工进度计划，确定工程项目在各单位时间计划完成的任务量，即将各项工作在某一单位时间内计划完成的任务量求和。

（5）分别根据各项工作按最早开始时间、最迟开始时间安排的施工进度计划，确定不同时间累计完成的任务量或任务量的百分比。

（6）绘制香蕉曲线。分别根据各项工作按最早开始时间、最迟开始时间安排的进度计划而确定的累计完成任务量或任务量的百分比描绘各点，并连接各点得到ES曲线和LS曲线，由ES曲线和LS曲线组成香蕉曲线。

在工程项目施工过程中，根据检查得到的实际累计完成任务量，按同样的方法在原计划香蕉曲线图上绘出实际进度曲线，便可以进行实际进度与计划进度的比较，并预测后期工程进度趋势。

【例7-3】 某工程项目施工网络计划如图7-16所示，图中箭线上方括号内数字表示各项工作计划完成的任务量，以劳动消耗量表示；箭线下方数字表示各项工作持续时间（周）。试绘制香蕉曲线。

【解】 假设各项工作均为匀速进行，即各项工作每周的劳动消耗量相同。

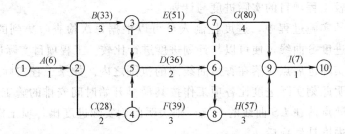

图 7-16   某工程项目网络计划图

1. 确定每项工作每周的劳动消耗量

工作 A：$6 \div 1 = 6$ 　　　　工作 B：$33 \div 3 = 11$

工作 C：$28 \div 2 = 14$ 　　　工作 D：$36 \div 2 = 18$

工作 E：$51 \div 3 = 17$ 　　　工作 F：$39 \div 3 = 13$

工作 G：$80 \div 4 = 20$ 　　　工作 H：$57 \div 3 = 19$

工作 I：$7 \div 1 = 7$

2. 计算工程项目劳动消耗总量 Q

$$Q = 6 + 33 + 28 + 36 + 51 + 39 + 80 + 57 + 7 = 337$$

3. 根据各项工作按最早开始时间安排的进度计划，确定工程项目每周计划劳动消耗量及各周累计劳动消耗量，如图 7-17 所示。

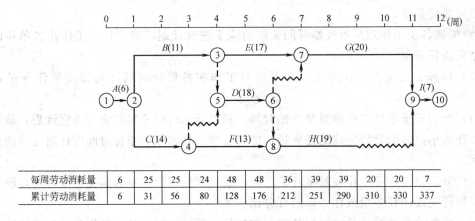

每周劳动消耗量	6	25	25	24	48	48	36	39	39	20	20	7
累计劳动消耗量	6	31	56	80	128	176	212	251	290	310	330	337

图 7-17   按工作最早开始时间安排的进度计划及劳动消耗量

4. 根据各项工作按最迟开始时间安排的进度计划，确定工程项目每周计划劳动消耗量及各周累计劳动消耗量，如图 7-18 所示。

5. 根据不同的累计劳动消耗量分别绘制 ES 曲线和 LS 曲线，便得到香蕉曲线，如图 7-19 所示。

（四）前锋线比较法

前锋线比较法是通过绘制某检查时刻工程项目实际施工进度前锋线，工程进度控制人员进行工程实际施工进度与计划施工进度比较的方法，它主要适用于时标网络计划。

所谓前锋线，是指在原时标网络计划上，从检查时刻的时标点出发，首先连接与其相

172

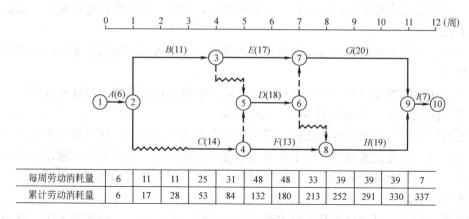

| 每周劳动消耗量 | 6 | 11 | 11 | 25 | 31 | 48 | 48 | 33 | 39 | 39 | 39 | 7 |
| 累计劳动消耗量 | 6 | 17 | 28 | 53 | 84 | 132 | 180 | 213 | 252 | 291 | 330 | 337 |

图 7-18 按工作最迟开始时间安排的进度计划及劳动消耗量

邻的工作箭线的实际进度点，由此再去连接该箭线相邻的工作箭线的实际进度点，用点划线依此将各项工作实际进度位置点连接而成的折线，称其为前锋线。前锋线比较法就是通过实际进度前锋线与原进度计划中各工作箭线交点的位置来判断工作实际施工进度与计划施工进度的偏差，进而判定该偏差对后续工作及总工期影响程度的一种方法。

采用前锋线比较法进行实际进度与计划进度的比较；其步骤如下：

1. 绘制时标网络计划图

工程项目实际施工进度前锋线是在时标网络计划图上标示，为清楚起见，可在时标网络计划图的上方和下方各设一时间坐标。

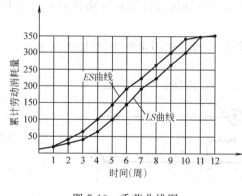

图 7-19 香蕉曲线图

2. 绘制实际进度前锋线

一般从时标网络计划图上方时间坐标的检查日期开始绘制，依次连接相邻工作的实际进度位置点，最后与时标网络计划图下方坐标的检查日期相连接。

工作实际进度位置点的标定方法由两种：

（1）按该工作已完成任务量比例进行标定

假设工程项目中各项工作均为匀速进展，根据实际进度检查时刻该工作已完任务量占其计划完成总任务量的比例，在工作箭线上从左至右按相同的比例标定其实际进度位置点。

（2）按尚需作业时间进行标定

当某些工作的持续时间难以按实物工程量来计算而只能凭经验估算时，可以先估算出检查时刻到该工作全部完成尚需作业的时间，然后在该工作箭线上从右向左逆向标定其实际进度位置点。

3. 进行实际进度与计划进度的比较

前锋线可以直观地反映出检查日期有关工作实际进度与计划进度之间的关系。对某项工作来说，其实际进度与计划进度之间的关系可能存在以下三种情况：

（1）工作实际进度位置点落在检查日期的左侧，表明该工作实际进度拖后，拖后的时间为二者之差；

（2）工作实际进度位置点落在检查日期的右侧，表明该工作时间进度超前，超前的时间为二者之差；

（3）工作实际进度位置点与检查日期重合，表明该工作实际进度与计划进度一致。

4. 预测进度偏差对后续工作及总工期的影响

通过实际进度与计划进度的比较，某工作确定为进度偏差后，还可根据工作的自由时差和总时差预测该进度偏差对后续工作及项目总工期的影响。由此可见，前锋线比较法既适用于工作实际进度与计划进度之间的局部比较，又可用来分析和预测工程项目整体进度状况，也是工程进度控制人员的常用比较方法之一。

值得注意的是，以上比较是针对匀速进展的工作。对于非匀速进展的工作，由于比较方法较复杂，此处不赘述。

【例 7-4】 某工程项目施工早时标网络计划如图 7-20 所示。该计划执行到第 7 周末检查实际进度时，发现工作 A 和 B 已经全部完成，工作 D、E 分别完成计划任务量的 40% 和 50%，工作 C 尚需 3 周完成，试用前锋线法进行实际进度与计划进度的比较，并分析总工期情况。

【解】 根据第 7 周末实际进度的检查结果绘制前锋线，如图 7-20 中点划线所示。

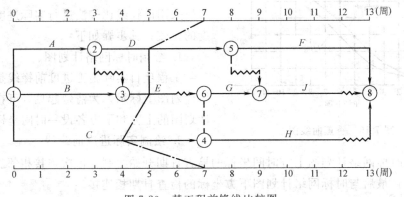

图 7-20 某工程前锋线比较图

通过比较可以看出：

1. 工作 D 实际进度拖后 2 周，将使其后续工作 F 的最早开始时间推迟 2 周，并使总工期延长 2 周；

2. 工作 E 实际进度拖后 1 周，既不影响总工期，也不影响其后续工作的正常进行；

3. 工作 C 实际进度拖后 3 周，将使其后续工作 G、H、J 的最早开始时间推迟 3 周。由于工作 G、J、H 开始时间的推迟，从而使总工期延长 2 周。

综上所述，如果不采取措施加快施工进度，该工程项目的总工期将延长 2 周。

（五）列表比较法

当工程施工进度计划用非时标网络图表示时，工程进度控制人员可以采用列表比较法进行实际施工进度与计划施工进度的比较。这种方法是记录检查日期应该进行的工作名称及其已经作业的时间，然后列表计算有关时间参数，并根据工作总时差进行实际施工进度与计划施工进度比较的方法。

采用列表比较法进行实际进度与计划进度的比较，其步骤如下：

1. 对于实际进度检查日期应进行的工作，根据已经作业的时间，确定其尚需作业时间。

2. 根据原进度计划计算检查日期应该进行的工作，从检查日期到原计划最迟完成时尚余时间。

3. 计算工作尚有总时差，其值等于工作从检查日期到原计划最迟完成时间尚余时间与该工作尚需作业时间之差。

4. 比较实际进度与计划进度，可能有以下几种情况：

（1）如果工作尚有总时差与原有总时差相等，说明该工作实际进度与计划进度一致；

（2）如果工作尚有总时差大于原有总时差，说明该工作实际进度超前，超前的时间为二者之差；

（3）如果工作尚有总时差小于原有总时差，且仍为非负值，说明该工作实际进度拖后，拖后的时间为二者之差，但不影响总工期；

（4）如果工作尚有总时差小于原有总时差，且为负值，说明该工作实际进度拖后，拖后的时间为二者之差，此时工作实际进度偏差将影响总工期。

【例7-5】 某工程项目进度计划如图7-20所示。该计划执行到第10周末检查实际进度时，发现工作 A、B、C、D、E、G 已经全部完成，工作 F、H 已进行1周，工作 J 刚开始。试用列表法进行实际进度与计划进度的比较。

【解】 根据工程项目施工进度计划及实际进度检查结果，可以计算出检查日期应进行工作的尚需作业时间，原有总时差及尚有总时差等，计算结果见表7-2。通过比较尚有总时差和原有总时差，即可判断目前工程实际进展情况。

工程进度检查比较表 表7-2

工作代号	工作名称	检查计划时尚需作业周数	到计划最迟完成时尚余周数	原有总时差	尚有总时差	情况判断
5-8	F	4	3	0	—1	拖后1周,影响工期1周
7-8	J	3	3	1	0	拖后1周,不影响工期
4-8	H	4	3	1	—1	拖后1周,影响工期1周

二、进度计划实施中的调整方法

（一）进度偏差对后续工作及总工期的影响

在工程项目施工过程中，当通过实际施工进度与计划施工进度的比较，发现有进度偏差时，需要分析该偏差对后续工作及总工期的影响，从而采取相应的措施对原施工进度计划进行调整，以确保工期目标的顺利实现。进度偏差的大小及其所处的位置不同，对后续工作和总工期的影响程度是不同的，分析时需要利用网络计划中工作总时差和自由时差的概念来进行判断。

分析步骤如下：

1. 出现进度偏差的工作是否为关键工作

如果出现进度偏差的工作位于关键线路上，即该工作为关键工作，则无论其偏差有多大，都将对后续工作和总工期产生影响，必须采取相应的调整措施；如果出现偏差的工作是非关键工作，则需要根据进度偏差值与总时差和自由时差的关系作进一步分析，才能确定是否有影响。

2. 进度偏差是否超过总时差

如果工作的进度偏差大于该工作的总时差，则此进度偏差必将影响其后续工作和总工期，必须采取相应的调整措施；如果工作的进度偏差未超过该工作的总时差，则此进度偏差不影响总工期。至于对后续工作的影响程度，还需要根据偏差值与其自由时差的关系作进一步分析。

3. 进度偏差是否超过自由时差

如果工作的进度偏差大于该工作的自由时差，则此进度偏差将对其后续工作产生影响，此时应根据后续工作的限制条件确定调整方法；如果工作的进度偏差未超过该工作的自由时差，则此进度偏差不影响后续工作，因此，原进度计划可以不作调整。

进度偏差的分析判断过程如图 7-21 所示。通过分析，工程进度控制人员可以根据进度偏差的影响程度，制定相应的纠偏措施进行调整，以获得符合实际施工进度情况和计划目标的新施工进度计划。

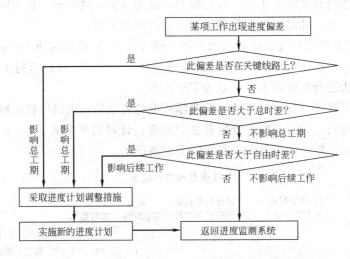

图 7-21 进度偏差对后续工作和总工期影响分析图

（二）进度计划的调整方法

当实际进度偏差影响到后续工作、总工期而需要调整进度计划时，其调整方法主要有两种。

1. 改变某些工作间的逻辑关系

当工程项目施工过程中产生的进度偏差影响到总工期，且有关工作的逻辑关系允许改变时，可以改变关键线路和超过计划工期的非关键线路上的有关工作之间的逻辑关系，达到缩短工期的目的。例如，将顺序进行的施工作业改为平行施工作业、搭接施工作业以及分段组织流水施工作业等，都可以有效地缩短工期。

【例 7-6】 某工程项目基础工程施工，包括挖土、浇混凝土垫层、砌基础墙、回填土四个施工过程，各施工过程的持续时间分别为 21 天、15 天、18 天和 12 天，如果采取顺序作业方式进行施工，则其总工期为 66 天，如图 7-22 所示。为缩短该基础工程总工期，

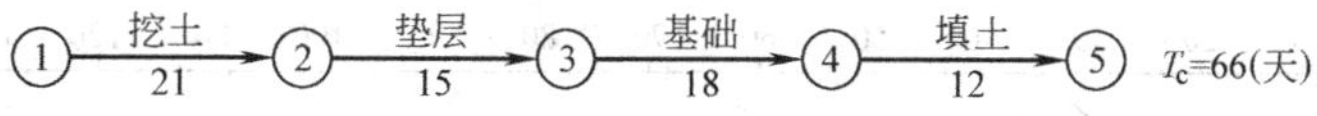

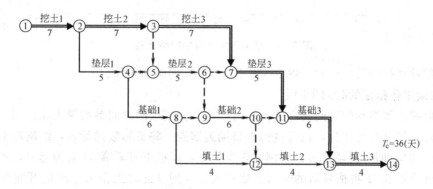

图 7-22　顺序施工网络计划

如果在工作面及资源供应允许的条件下，将基础工程划分为工程量大致相等的 3 个施工段组织流水作业，试绘制该基础工程流水作业网络计划，并确定其计算工期。

【解】　该基础工程流水作业网络计划如图 7-23 所示。通过组织流水作业，使得该基础工程的计算工期由 66 天缩短为 36 天。

图 7-23　流水施工网络计划

2. 缩短某些工作的持续时间

这种方法是不改变工程项目中各项工作之间的逻辑关系，而通过采取增加资源投入、增加施工机具、提高劳动效率等措施来缩短某些工作的持续时间，使工程施工进度加快，以保证按计划工期完成该工程项目。

这些被压缩持续时间的工作是位于关键线路和超过计划工期的非关键线路上的工作。同时，这些工作又是其持续时间可被压缩的工作。这种调整方法通常可以在网络计划图上直接进行。其调整方法视限制条件及对其后续工作的影响程度的不同而有所区别，一般可分为以下三种情况：

(1) 网络计划中某些工作进度拖延的时间已超过其自由时差但未超过其总时差

此时，该工作的实际进度不会影响总工期，而只对其后续工作产生影响。因此，在进行调整前，需要确定其后续工作允许拖延的时间限制，并以此作为进度调整的限制条件。该限制条件的确定常常较复杂，尤其是当后续工作由多个平行的施工单位负责施工时更是如此。后续工作如不能按原计划进行，在时间上产生的任何变化都可能使合同不能正常履行，而导致蒙受损失的一方提出索赔。因此，寻求合理的调整方案，把进度拖延对后续工作的影响减少到最低程度，是监理工程师的一项重要工作。

【例 7-7】　某工程项目施工双代号时标网络计划如图 7-24 所示。该计划执行到第 35 天下班时刻检查时，发现工作 E 进度拖延 15 天，其实际进度如图中前锋线所示。试分析目前实际进度对后续工作和总工期的影响，并提出相应的进度调整措施。

【解】　从图中可以看出，目前只有工作 E 的开始时间拖后 15 天，而影响其后续工作 H 的最早开始时间，其他工作的实际进度均正常。由于工作 H 的总时差为 40 天，故此时工作 E 的实际进度不影响总工期。

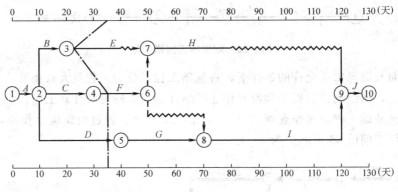

图 7-24　某工程项目时标网络计划

该进度计划是否需要调整，取决于工作 E 和 H 的限制条件：

1）后续工作拖延的时间无限制

如果后续工作拖延的时间完全被允许时，可将拖延后的时间参数带入原计划，并化简网络图（即去掉已执行部分，以进度检查日期为起点，将实际数据带入，绘制出未实施部分的进度计划），即可得调整方案。例如在本例中，以检查时刻第 35 天为起点，将工作 E 的实际进度数据及 H 被拖延后的时间参数带入原计划（此时工作 E、H 的开始时间分别为 35 天和 55 天），可得如图 7-25 所示的调整方案。

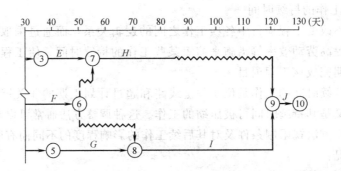

图 7-25　后续工作拖延时间无限制时的网络计划

2）后续工作拖延的时间有限制

如果后续工作不允许拖延或拖延的时间有限制时，需要根据限制条件对网络计划进行调整，寻求最优方案。例如在本例中，如果工作 H 的开始时间不允许超过第 50 天，则只能将其紧前工作 E 的持续时间压缩为 15 天，调整后的网络计划如图 7-26 所示。如果在工作 E、H 之间还有多项工作，则可以利用工期优化的原理确定应压缩的工作，得到满足 H 工作限制条件的最优调整方案。

（2）网络计划中某项工作进度拖延的时间超过其总时差

如果网络计划中某些工作进度拖延的时间超过其总时差，则无论该工作是否为关键工作，其实际进度都将对后续工作的总工期产生影响。此时，进度计划的调整方法又可分为以下三种情况：

1）项目总工期不允许拖延

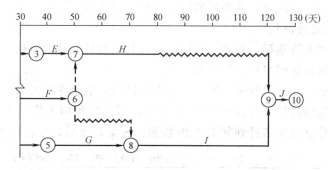

图 7-26 后续工作拖延时间有限制时的网络计划

如果工程项目必须按照原计划工期完成，则只能采取缩短关键线路上后续工作持续时间的方法来达到调整计划的目的。

【例 7-8】 仍以图 7-24 所示网络计划为例，如果在计划执行到第 40 天下班时刻检查时，其实际进度如图 7-27 中前锋线所示，试分析目前实际进度对后续工作和总工期的影响，并提出相应的进度调整措施。

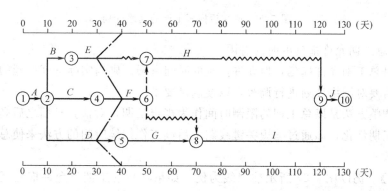

图 7-27 某工程实际进度前锋线

【解】 从图中可看出：

1. 工作 E 实际进度拖后 10 天，但不影响其后续工作，也不影响总工期；

2. 工作 F 实际进度正常，既不影响后续工作，也不影响总工期；

3. 工作 D 实际进度拖后 10 天，由于其为关键工作，故其实际进度将使总工期延长 10 天，并使其后续工作 G、I 和 J 的开始时间推迟 10 天。

如果该工程项目总工期不允许拖延，则为了保证其按原计划工期 130 天完成，必须采用工期优化的方法，缩短关键线路上后续工作的持续时间。现假设工作 D 的后续工作 G、I 和 J 均可以压缩 10 天，通过比较，压缩工作 I 的持续时间所需付出的代价为最小，故将工作 I 的

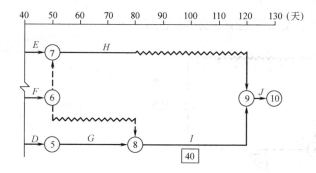

图 7-28 调整后工期不拖延的网络计划

持续时间由 50 天缩短为 40 天。调整后的网络计划如图 7-28 所示。

2）项目总工期允许拖延

如果项目总工期允许拖延，则此时只需以实际数据取代原计划数据，并重新绘制实际进度检查日期之后的简化网络计划图即可。

【例 7-9】 以图 7-27 所示前锋线为例，如果项目总工期允许拖延。

【解】 此时，只需以检查日期第 40 天为起点，用其后各项工作尚需作业时间取代相应的原计划数据，绘制出网络计划如图 7-29 所示。方案调整后，项目总工期为 140 天。

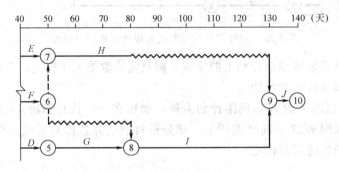

图 7-29　调整后拖延工期的网络计划

3）项目总工期允许拖延的时间有限

如果项目总工期允许拖延，但允许拖延的时间有限。则当实际进度拖延的时间超过此限制时，也需要对网络计划进行调整，以便满足要求。

具体的调整方法是以总工期的限制时间作为规定工期，对检查日期之后尚未实施的网络计划进行工期优化，即通过缩短关键线路上后续工作持续时间的方法来使总工期满足规定工期的要求。

【例 7-10】 仍以图 7-27 所示前锋线为例，如果项目总工期只允许拖延至 135 天，则可按以下步骤进行调整。

【解】 1. 绘制化简的网络计划图，如图 7-29 所示。

2. 确定需要压缩的时间。从图 7-29 中可以看出，在第 40 天检查实际进度时发现总工期将延长 10 天，该项目至少需要 140 天才能完成。而总工期只允许延长至 135 天，故需将总工期压缩 5 天。

3. 对网络计划进行工期优化。从图 7-29 中可以看出，此时关键线路上的工作为 D、

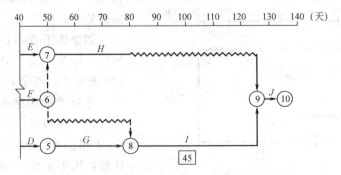

图 7-30　总工期拖延时间有限时的网络计划

G、I 和 J。现假设通过比较,压缩关键工作 I 的持续时间所需付出的代价最小,故将其持续时间由原来的 50 天压缩为 45 天,调整后的网络计划如图 7-30 所示。

以上三种情况均是以总工期为限制条件调整施工进度计划的。值得注意的是,当某项工作实际施工进度拖延的时间超过其总时差而需要对施工进度计划进行调整时,除需考虑总工期的限制条件外,还应考虑网络计划中后续工作的限制条件,特别是对总施工进度计划的控制更应注意到这一点。

在有些网络计划中,后续工作也许就是一些独立的合同段,总包单位与分包单位签订有施工合同。时间上的任何变化,都会带来工作协调上的麻烦或者引起费用索赔。因此,当网络计划中某些后续工作对时间的拖延有限制时,同样需要以此为条件,按前述方法进行调整。

(3) 网络计划中某项工作进度超前

监理工程师对建设工程施工进度控制的任务就是在施工进度计划的执行过程中,采取必要的组织协调和控制措施,以保证建设工程按期完成。

建设工程计划工期目标,往往是综合考虑了各方面因素而确定的合理工期。因此,时间上的任何变化,无论是施工进度拖延还是超前,都可能造成其他目标的失控。例如,在一个建筑工程施工总进度计划中,由于某项工作的进度超前,致使资源的需求量、资源的种类发生变化,而打乱了原计划对人、材料、物资等资源的合理安排,亦将影响资金计划的使用和安排;特别是当多个平行的施工单位同时进行施工时,由此引起后续工作时间安排的变化,势必给监理工程师的协调工作带来许多麻烦。

如果建筑工程施工过程中出现进度超前的情况,工程进度控制人员必须综合分析进度超前的原因,以及对后续工作可能产生的影响,并同施工单位协商,提出合理的进度调整方案,以确保工期总目标的顺利实现。

第四节　工程延期或延误

在建筑工程施工过程中,其工期的延长分为工程延误和工程延期两种。虽然它们都是使工期延长,工程拖拉,但由于其产生的原因不同,性质不同,处理方法不同,因而建设单位与施工单位所承担的责任也就不同。如果是属于工程延误,则由此造成的一切损失由施工单位承担。同时,建设单位还有权对施工单位实行误期违约罚款。而如果是属于工程延期,则施工单位不仅有权要求延长工期,而且还有权向建设单位提出赔偿费用的要求以弥补由此造成的额外损失。因此,监理工程师是否将施工过程中工期的延长批准为工程延期,对建设单位和施工单位都十分重要。

一、工程延期的处理

(一) 工程延期的条件

由于以下原因导致工期延长,施工单位有权提出工程延期的申请,监理工程师应按合同规定,批准其工程延期时间。

1. 监理工程师发出工程变更指令而导致工程量增加,工期延长;

2. 合同所涉及的任何可能造成工程延期的原因,如延期交图、设计修改、工程暂停、对合格工程的剥离检查及不利的外界条件等;

3. 有经验的施工者从未遇见过的异常恶劣的气候条件;

4. 由建设单位造成的任何延误、干扰或障碍, 如未及时提供施工场地、未及时拨付工程款、进度款等;

5. 除施工单位自身以外的其他任何原因。

（二）工程延期的审批程序

工程延期事件发生后, 施工单位应在合同规定的有效期内以书面形式通知监理工程师（即工程延期意向通知）, 以便于监理工程师尽早了解所发生的事件, 及时作出一些减少延期损失的决定。随后, 施工单位应在合同规定的有效期内（或监理工程师同意的合理期限内）向监理工程师提交详细的申述报告（延期理由及依据）。监理工程师收到该报告后应及时进行调查取证核实, 准确地确定出工程延期时间。工程延期的审批程序如图 7-31 所示。

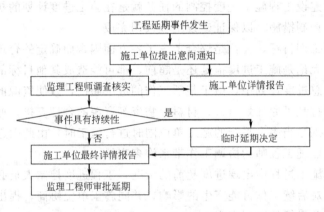

图 7-31　工程延期的审批程序

当工程延期事件具有持续性, 施工单位在合同规定的有效期内不能提交最终详细的申述报告时, 应先向监理工程师提交阶段性的详情报告。监理工程师应在调查取证核实阶段性报告的基础上, 尽快作出延长工期的临时决定。临时决定的工程延期时间不宜太长, 一般不超过最终批准的工程延期时间。

待延期事件结束后, 施工单位应在合同规定的期限内向监理工程师提交最终的详细情况报告。监理工程师应复查详情报告的全部内容, 然后确定该延期事件所需要的延期时间。

如果遇到比较复杂的延期事件, 监理工程师可以成立专门小组进行处理。对于一时难以作出结论的延期事件, 即使不属于持续性的事件, 也可以采用先作出临时延期的决定, 然后再作出最后决定的办法。这样既可以保证由充足的时间处理延期事件, 又可以避免由于处理不及时而造成的损失。

监理工程师在作出临时工程延期批准或最终工程延期批准之前, 均应与建设单位和施工单位进行反复协商, 使建设单位和施工单位都能接受。

（三）工程延期的审批原则

监理工程师在审批工程延期时应遵循下列原则:

1. 合同约定的条件

按照合同约定条件是监理工程师批准为工程延期必须首先要考虑的。也就是说，导致工期拖延的原因确实是属于施工单位自身以外的，否则不能批准为工程延期。这是监理工程师审批工程延期的一条根本原则。

2. 是否影响工期

发生延期事件的工程部位或工作，无论其是否处在施工进度计划的关键线路上，只有当所延长的时间超过其相应的总时差时，才能批准工程延期。如果延期事件发生在非关键线路上，且延长的时间并未超过总时差时，即使符合批准为工程延期的合同条件，也不能批准为工程延期。

当然，建筑工程施工进度计划中的关键线路并非固定不变的，它会随着工程的进展和情况的变化而转移。经监理工程师审核同意的，施工单位提交的随工程进度而不断调整的施工进度计划为依据，来决定是否批准工程延期。

3. 工程实际情况

批准的工程延期必须符合工程实际情况。为此，施工单位应对每一延期事件发生后的各类有关细节进行详细的书面记载，并及时向监理工程师提交详细报告。与此同时，监理工程师也应对施工现场进行详细考察取证和分析，并做好相关记录，以便为合理确定工程延期时间提供可靠的依据。

（四）工程延期的控制

发生工程延期事件，不仅影响工程的进度，而且会给建设单位带来很大的损失。因此，监理工程师应做好以下工作，以减少或避免工程延期事件的发生。

1. 选择合适的时机下达工程开工令

监理工程师在下达工程开工令之前，应充分考虑到建设单位的前期准备工作是否充分。特别是征地、拆迁问题是否已解决，设计图纸能否及时提供，政府主管部门的审批手续是否齐全，以及付款方面有无问题等，以避免由于上述问题的存在，即使发布了工程开工令，由于缺乏准备而造成工程延期。

2. 提醒建设单位履行施工承包合同中所规定的义务

在施工过程中，监理工程师应经常提醒建设单位履行合同中所规定的义务，提前做好施工场地及设计图纸的提供工作，并能及时支付工程预付款和进度款，以减少或避免由此而造成的工程延期。

3. 妥善处理工程延期事件

当工程延期事件发生以后，监理工程师应根据合同的约定来进行妥善处理。既要尽量减少工程延期时间及其损失，又要在详细调查研究的基础上合理批准工程延期时间。

此外，在施工过程中，建设单位应完全按施工承包合同的约定行事，尽量减少不必要的干预，而与工程建设各方多协调、多商量，以避免由于建设单位的干扰和阻碍而导致工程延期事件的发生。

二、工程延误的处理

由于施工单位自身的原因造成工期拖延，而施工单位又未采取相应的措施予以改变时，监理工程师通常可以采用下列手段进行处理：

（一）通知施工单位采取措施

当监理工程师通过由施工单位提交的有关进度的报表、现场跟踪检查工程实际进度、召开工地例会等方法，发现施工单位的工程进度延误时，应及时向施工单位发出监理工作联系单，要求施工单位采取切实措施，防止工程延误事件的继续发生。施工单位可以采取的措施有，组织措施：增加劳动力、增加施工机具；技术措施：采用先进的施工方法、施工工艺；经济措施：增加投入、加班加点。

（二）停止付款

当施工单位的施工活动仍不能避免工程延误事件的发生，或工程延误事件越来越严重时，监理工程师有权拒绝施工单位的工程款支付申请。因此，当施工单位的施工进度拖后且又不采取积极措施时，监理工程师可以采取停止付款的手段来制约施工单位。

（三）延误损失赔偿

停止付款一般是监理工程师在施工过程中制约施工单位延误工期的手段，而延误损失赔偿则是当施工单位未能按合同规定的工期完成合同范围内的工作时对其的处罚。如果施工单位未能按合同规定的工期和条件完成整个工程，则应向建设单位支付投标书附件中规定的金额，作为该项违约的损失赔偿费。

（四）取消施工承包资格

如果施工单位严重违反合同，发生工程延误事件后，虽经监理工程师书面通知而又不采取有效补救措施，则建设单位为了保证合同工期，有权取消施工单位的施工承包资格。例如：施工单位接到监理工程师的开工通知后，无正当理由推迟工程开工，或在施工过程中无任何理由要求延长工期，施工进度缓慢，又无视监理工程师的书面警告等，都有可能受到取消施工承包资格的处罚。

取消施工承包资格是对施工承包单位违约的严厉制裁。监理单位只有向建设单位提出取消施工承包资格的建议权，建设单位拥有决定权。因为，建设单位一旦取消了施工单位的承包资格，施工单位不但要被驱逐出施工现场，而且还要承担由此而造成的建设单位的工程损失费用。这种惩罚措施一般不轻易采用，而且在作出这项决定前，建设单位必须事先通知施工单位。取消施工承包资格可能引起仲裁或法律诉讼，当事人双方都要作好辩护准备。

思 考 题

1. 简述建筑工程施工进度控制的概念？
2. 影响建筑工程施工进度的因素是什么？
3. 建筑工程施工进度控制的措施有哪些？
4. 简述建筑工程施工进度控制的内容。
5. 简述建筑工程施工进度的检查方式。
6. 什么是横道图比较法？匀速进展与非匀速进展横道图比较法的区别是什么？
7. 利用 S 曲线比较法可以获得哪些信息。
8. 香蕉曲线是如何形成的？其作用有哪些？
9. 前锋线比较法是如何绘制的？
10. 什么是列表比较法？
11. 如何分析进度偏差对后续工作及总工期的影响？
12. 进度计划的调整方法有哪些？如何调整？
13. 如何控制工程延期？

14. 怎样处理工程延误?

习　题

1. 某基础工程施工, 土方开挖工作按施工进度安排需要 7 天完成, 每天计划完成的任务量百分比如图 7-32 (a) 所示, 第四天下班时检查, 实际每天完成的任务量百分比如图 7-32 (b) 所示。试进行横道图比较法分析。

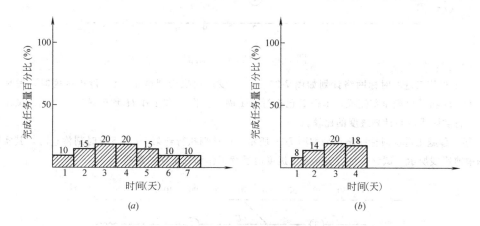

图 7-32　习题 1 附图

(a) 土方开挖工作进展时间与计划完成任务量关系图;

(b) 土方开挖工作进展时间与实际完成任务量关系图

2. 某工程混凝土的浇筑总量为 2000m³, 按照施工进度计划, 共计 9 个月完成, 每月计划完成的混凝土浇筑量如图 7-33 所示。试绘制该混凝土工程的计划 S 曲线。

3. 某工程施工进度网络计划如图 7-34 所示。图中箭头上方括号内数字表示各项工作计划完成的任务量, 以劳动力表示; 箭线下方数字表示各项工作的持续时间 (周)。试绘制香蕉曲线。

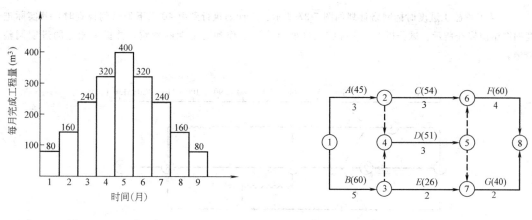

图 7-33　习题 2 附图

图 7-34　习题 3 附图

4. 某工程施工进度时标网络计划如图 7-35 所示。该计划执行到第 6 周末检查进度时, 发现工作 A 和 B 已经全部完成, 工作 D 和 E 分别完成计划任务量 20% 和 50%, 工作 C 尚需 4 周完成。试用前锋线法进行实际进度与计划进度比较, 并分析总工期情况。

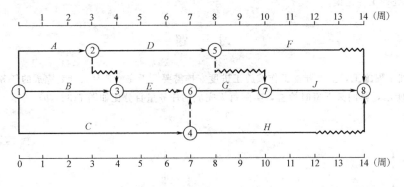

图 7-35　习题 4、5 附图

5. 某工程施工进度时标网络计划如图 7-35 所示。该计划执行到第 10 周末检查进度时，发现工作 A、B、C、D 和 E 已经全部完成，工作 F 已进行了 1 周，工作 G 和工作 H 均已进行了 2 周。试用列表比较法进行实际进度与计划进度的比较。

6. 某工程施工进度时标网络计划如图 7-36 所示。该计划执行到第 70 天下班时刻检查时，其实际进度如图中前锋线所示。试分析目前实际施工进度对后续工作和总工期的影响。

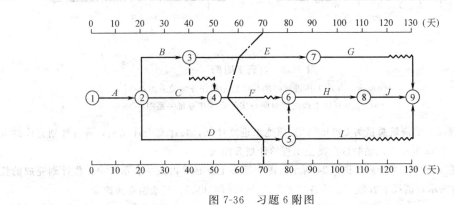

图 7-36　习题 6 附图

7. 某工程施工进度时标网络计划如图 7-37 所示。该计划执行到第 40 天下班时刻检查时，其实际进度如图中前锋线所示。试分析目前实际施工进度对后续工作和总工期的影响，并提出相应的进度调整措施。

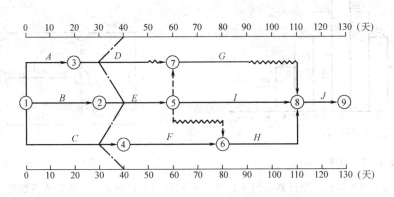

图 7-37　习题 7 附图

参 考 文 献

1. 刘金昌主编. 建筑施工组织与现代管理. 北京：中国建筑工业出版社，1996

2. 蔡雪峰编. 建筑施工组织. 武汉：武汉工业大学出版社，1999

3. 中国建设监理协会组织编写. 建设工程进度控制. 北京：中国建筑工业出版社，2003

4. 刘志才主编. 建筑工程施工项目管理. 哈尔滨：黑龙江科学出版社，1996

5. 孙济生主编. 建筑施工组织管理. 北京：中国建筑工业出版社，1997

6. 赵志缙、应惠清主编. 建筑施工. 上海：同济大学出版社，2004

7. 高民欢主编. 工程项目施工组织设计原理及实例. 北京：中国建材工业出版社，2004

8. 朱永芳编. 现代施工组织设计与现代施工管理. 上海：上海科技出版社，1998

9. 方承训、郭立民主编. 建筑施工. 北京：中国建筑工业出版社，1997

10. 周国恩主编. 建筑施工组织与管理. 北京：高等教育出版社，2002

11. 李林主编. 建筑工程安全技术与管理. 北京：机械工业出版社，2010

12. 全国一级建造师执业资格考试用书编写委员会编写. 建筑工程项目管理. 北京：中国建筑工业出版社，2011

13. 曹吉鸣、徐伟主编. 网络计划技术与施工组织设计. 上海：同济大学出版社，2000